外商必修 圖表力

150 張 圖例即學即用
新手也能提出**顧問級簡報**

What are the differences between your slide and the consultants' ?

清水久三子
KUMIKO SHIMIZU

前言

◥ 為什麼以外商企管顧問公司的資料為範本呢？

本書把外商企管顧問人員在新人時期被徹底灌輸的製作資料「基本功」，集結成冊。裡面包羅了我從IBM時代到獨立創業後，陸續面對5000名以上專業人員所進行的研習內容。其中還包含超過150張由年輕顧問人員與參加研習的學員製作、經我修正的圖表投影片。

自從2012年我的《專業的簡報資料製作力》在日本出版後，許多由「外商企管顧問人員」或「外商金融公司職員」操刀的書，就如雨後春筍般冒出。我真切感受到這個領域的內容受到許多朋友的青睞，但老實說，這次當我收到出版企畫時，會覺得「已經不用我來寫也沒關係了吧」。不過這次決定提筆再寫，簡單來說是以外商企管顧問公司為主題，但是卻能從中學到不少跨領域的知識與認識。同樣名為顧問公司，像是麥肯錫策略顧問公司、業務改革顧問公司和IT顧問公司等等，身處不同領域的顧問公司，製作資料的特徵與作法也不盡相同。

稍微岔個題，談一下我個人的經歷吧！我進入企管顧問這一行，要從擔任外商PwC（PricewaterhouseCoopers）的IT顧問開始說起，之後改變專業，從事業務改革顧問、策略顧問等。

接著，公司被IBM全球化整併後，我從企業改革策略顧問主管，

改被任命為公司內部教育訓練主管，一直到我獨立出來創業為止。IBM是全世界規模最大的公司之一，舉凡策略諮詢到IT開發，觸及領域非常廣泛。它的教育訓練部門，同時肩負著管理顧問人員與工程師所製作的提案書與結論報告，扮演「知識管理」的功能，可以說不僅是我歷經的顧問工作中觸及範圍最廣、製作資料最多的職務，更令我引以為傲的，這份工作隨時要被大家檢視。假設你只從事策略顧問方面的工作，一般很難有機會接觸業務類、IT類的資料。更進一步來說，IBM是全球化企業中的佼佼者，以管理嚴格聞名。在這家公司的管理部門工作，所做的資料必須是既精密又要有說服力，總之環境非常磨人。所以，在這裡接受的歷練，跟一般企管顧問公司稍有不同。

當我回顧這一段經歷，興起了「能不能依據我在各個外商公司的經驗，給剛進公司一年、或年輕的中堅從業人員一些資料製作方面的建言？」的念頭，於是決定再次提筆寫書。本書內容從策略類、IT類到部門管理類都有，並以像是客戶和參加研習的學員所做的資料為例，當然呈現上會略微調整，盡可能地網羅了各領域的資料。希望藉由這些取樣廣泛的資料，大家能看到改善前、改善後的差別，並從中吸取技巧。

◣ 為什麼堪稱「全能簡報改造王」呢？

接下來，要告訴大家為什麼這次的書要以「改善前與改善後」的形式為例子了。就像一開頭所提到的，市面上不乏各式各樣關於資料製作的書，雖然它們都詳細載明著製作步驟與技巧，但能不能善用還是因人而異。實際上，所謂的資料製作，就是組合並活用一個以上的

技巧。舉例來說，即使製作出完美的圖表，如果沒有利用特殊編排方式來展現與其他數據的相關性、選擇容易閱讀的字體、注意行距、強調訊息等等，就無法製作出讓人一目了然的投影片。而許多人都會在綜合使用好幾種技巧時踢到鐵板。

我在幫企管顧問、工程師、業務、行銷等各式各樣職務的人講課時，會額外幫忙修改學員本人製作的資料。大部分的人看了修改後的資料，就能更確切地理解研習時所學的知識該如何活用。而對於資料修改前後的改變感到最驚訝、也最感謝的，與其說是本人，還不如說是他的上司呢！

說到提升資料製作的技巧，有些人會提出「廣泛閱讀許多優秀範例，盡量模仿它們，做出一模一樣的資料，偷學其中的技巧」等建議，但如果無法培養出一定程度的眼光與想法，你就無法自行分辨究竟哪裡好、哪裡壞。最慘的情況是只會一味地依樣畫葫蘆，製作得美輪美奐，但華麗的表現手法卻與貧脊的內容顯得格格不入。這種狀態下，如果不給本人示範資料修改後的改善成果，本人會完全無法想像究竟哪裡有問題、要怎麼修改才行。

☑ 雖然學了各種技巧，但卻不知道如何應用
☑ 觀摩他人製作的優秀資料後，還是沒什麼體會
☑ 不知道該怎麼修正自己所做的資料

如果你是這樣的人，請看本書改善前與改善後的案例吧！比較前後差異，你就能清楚知道自己是「哪裡出了問題」，以及「怎麼做才能改善」等改善技巧，加速提升你的資料製作功力。

◤ 本書的架構與使用方式

　　本書先從序章開始，一口氣為大家介紹資料製作的改善技巧。就某種意義來說，也許你會認為這些改善技巧是「理所當然」的，也正因為某些資料欠缺一部分理所當然的因素，才讓人看了一頭霧水，無法理解。這一章所列的大方向，可以當成你繪製圖表時的細部檢查表。

　　下一章開始，依序針對表格、圖表、概念圖、視覺效果等領域，透過全開連頁的方式，為大家闡明改善技巧的活用法。閱讀本書時，如果你希望更加強化自己的資料製作能力，請只看改善前的圖，然後動動腦筋想一想：如果是你，會如何修改這張圖？當你資料製作技能不足時，看著改善前的圖，很可能想半天也想不出解決對策，不過這不要緊，先養成獨立思考的習慣，培養審視資料的眼光，就能在逐頁閱讀後，學會改善技巧了。

　　最後一章，將著重在修改每一張圖表、投影片之前就已經產生的問題，例如目標的設定、選擇的訊息、架構的錯誤等等，介紹在處理資料之前容易遇到的盲點，以及解決盲點後會有哪些成效。

　　就讓我們一起來看資料改善前與改善後有哪些不同吧！我非常期待接下來大家都能有劇烈地成長。

2015年6月　清水久三子

外商必修圖表力
150 張圖例即學即用，新手也能提出顧問級簡報

Chapter 2 【圖表】
傳遞數字重點

Chapter 3 【概念圖】
不靠文字，靠圖說話

Chapter 4【視覺效果】
一目了然的排版與畫面

Chapter 5 【基本】
「製作」資料前的準備工作

Chapter

【鐵則】

所有的簡報製作都能「系統化」

01 改善的鐵則為「消除干擾」與「集中焦點」

　　這一章希望讓大家理解：怎樣算是理想的資料與圖解？每一個改善前後的案例，應用了怎樣的改善技巧？有些圖表只需要一個技巧就能改善，有些則需要搭配好幾個技巧。請先記住改善技巧的基本類型，再將這些技巧組合統整，以應付各種問題。

■ 透過兩大技巧就能改善資料

　　製作資料與圖表時，最重要的觀念就是「設計」。一聽到設計，你可能會有加上繁複的裝飾等印象。這裡所謂的設計，並不是稍微塗點顏色、畫些插圖這種額外附加上去的手法。這裡所指的設計，是伴隨某個想傳達的目的，衍生而出的表現手法。所以如果不能透過設計有效傳達訊息，這個設計就算失敗。也就是說，所謂設計，不是加諸繁複的裝飾，而是透過最少的對比，傳遞出令人印象深刻的訊息。

　　一提到設計，有些人可能會說：「我沒有繪畫天份，不會設計」但這裡的設計不需要什麼藝術才能，它屬於一種商業溝通技巧，透過手法去呈現對比、強化印象。當你思索如何進行設計時，請記住兩大鐵則，那就是「消除干擾」與「集中焦點」。

■ 鐵則 1　消除干擾

　　鐵則 1 是，透過最少的對比來傳遞訊息，將多餘的訊息——也就是所謂的「干擾」——徹底消除。隨意製作出來的表格、圖表、圖片等，會讓一份報告中多出不必要的雜訊。例如，用EXCEL繪製圓餅

圖時，將圓餅裡全部塗上顏色；繪製柱狀圖時，加上許多多餘的參考線。如果不把這些干擾去除，只是一味地使用箭頭、爆炸圖或鮮豔的顏色來吸引讀者目光，反而會讓閱讀資料變成一種疲勞轟炸。

曾有這麼一種說法「設計不是添加，而是刪除。當你再也沒有東西可以刪除，代表設計完成了」。所以，請把消除干擾列為最優先的考量！

◣ 鐵則 2　集中焦點

接著，為了盡最大可能傳遞出訊息的重點，所以需要強化聚焦的能力。所謂聚焦，就是控制目光、讓它停留在重要的地方。具體來說，就是透過排版、配色或大小的設計，吸引讀者目光。如果透過消除干擾，就能充分引導讀者把目光放在重點處，那麼不使出聚焦技巧也無妨。

不過，不管是消除干擾或是集中焦點，如果想傳遞的重點訊息不明，你會變得不知道該消除什麼、又該聚焦於哪裡。設計都是為了傳遞某個訊息而存在，所以當想傳遞的訊息未定，你根本不知道怎樣的表現才恰當。因此本書中，會預設「如果想表現這種訊息時……」等各式各樣的前提。不會直接跟你說「這麼做永遠OK」，而是希望你根據不同訊息，做出不同設計。那麼，接下來讓我分別介紹消除干擾與集中焦點的訣竅吧！

◣ 消除干擾的 5 項訣竅

①簡化
首先就是把多餘的東西徹底去除。不僅要刪除虛線、顏色等裝飾性配角，有時候連數據本身也要刪除。從大量的數據中，刪除不必要資訊，再把必要數據以單位來彙整，徹底做到簡化。

②以因式分解法化繁為簡

第2點，把重複、不斷出現的文字與要素找出，彙整成標題。這種化繁為簡的技巧，就是「因式分解法」。以數學式為例，將aa + ab + ac這個算式因式分解後就變成a（a + b + c），這麼一來，就找出共通因素是a了。

③改善閱讀動線

讓讀者這裡看完又要跳那裡看，如此混亂的閱讀動線，與干擾沒有兩樣。舉例來說，如果圖表中圖例的排列方法與其他直條或折線的排列方法不同，會讓讀者視線不斷在圖表與圖例中遊走，這等於是另一種干擾。留意閱讀動線這一點，就能讓易讀性大大提升。

④架構

架構往往是在檢討商業課題時，最容易被忽視的一環。針對製作圖表的目的來檢討，就能知道哪些架構是必要的、哪些不必要。

⑤刪除重複

當表現重點與表現手法組合在一起的方式錯誤時，會讓重點混雜在一起，變得非常不容易閱讀。這時請檢視圖與表格，找出重複的地方，刪除重複狀況。

◤ 集中焦點的 5 項訣竅

①呈現意義

首先，要思考「這份資料對對方來說有什麼意義」，配合對方的觀點、立場，重新賦予資料意義。接著，確認是否能清楚完整表達其中蘊含的意義。將想表達的訊息記下來，或寫進圖表中。

②誘導視線

閱讀動線的誘導，主要能藉由排版來改善。此外，讓文字與圖片的大小不一致，刻意的改變與增添顏色，把視線導引到重要的地方。

③改變角度

此一訣竅尤其適用於圖表的改善。只要改變數據的排列順序或圖表的種類，即使是從另一個角度得出同樣數據，卻更令人印象深刻。嘗試去改變數據的排列順序、統整方法、橫軸與縱軸的設定、圖表的種類等，在不斷測試中，找出最適當的切入角度。

④具體化或抽象化

表現手法方面，有時候是透過具體的陳述，讓讀者確切感受真實情況；有時候則是將瑣碎的資訊與概念整合起來。當訊息被過度整合簡化，想想如何具體化吧；而當訊息太過瑣碎繁雜，就往抽象化修正吧！

⑤整合並表現全體的關聯性

處理複雜的主題時，即使繪製出好幾幅完美的圖表，也很難傳達出一個中心思想。因為當你不知道每幅圖表之間有什麼關聯時，就會流於「雖然清楚這張圖的含意，卻不知道它在整個主題中扮演什麼角色」。想要表達這種「整體關聯性」時，就需要去整合圖表與圖片。

下一章開始，將依照表格、圖表、概念圖、視覺效果等領域，以圖解的方式，依序介紹改善前與改善後的案例。有些改善只動用到一種改善技巧，有些則需要組合好幾種改善技巧。

每一小節的標題標示這一章節所運用的技巧——例如：消除干擾的「因式分解」與集中焦點的「意義」——大家可以從標題來參考。

符合對方期待的資料

對於從事知識生產的商業人士而言，資料與投影片是最能讓人一目瞭然的知識生產成果。說到這個知識生產價值，你認為應該記住的重點是什麼呢？

所謂知識生產價值，一般認為只要 QCD 相乘後的數值高於對方期待值，就能成立。而所謂 QCD，就是 Quality（品質）、Cost（費用）、Delivery（期限）的英文縮寫。這個算式原本出自於生產管理，現在也活用在知識生產方面。其數學公式如下：

$$對方期待值 < Quality \times Cost \times Delivery$$

在品質方面，你所知道的知識必須超過對方所知道的，也就是說必須比對方知道得更深、更廣。換句話說，你可以朝對方不知道的領域發展（增加廣度），或是往對方有點清楚又不是太清楚的地方紮根（增加深度）。製作資料時，每個人都想製作出品質更好、精密度更高的資料，但如果只是要高於對方的期待，很可能只要製作一張投影片就足以達成這個目標了，沒必要花比這個更多的時間，因為做出來的都只是過剩品質而已。

同樣地，在費用方面，先了解對方預設的相關金額等資訊，只要你投入的費用高於這個金額，就能給對方「物超所值的超值感」。而在期限方面，明天提出的報告要比一週後提出的報告更有價值許多。

一提到企管顧問，就會給人沒日沒夜工作的印象，但真正的專業顧問，賣的不是時間，而是不斷產出的好結果。每次都使盡全力追求過剩品質，是無法長久的。希望大家知道，算法就是把這三者相乘，再透過策略性思考，來決定該在哪一方面超出對方的期待。

Chapter

【表格】

誘導決策

01 什麼是表格？

◤ 互相比較與下決定的工具

　　大家平時都製作怎樣的表格呢？我想應該會根據不同業務內容，製作不同屬性的表格吧！是不是也經常製作像是事業與業務的營收預估表、資訊與數據的彙整表、為了方便做出判斷，而把幾個提案特徵統整在一起的比較表呢？表格製作起來非常簡單，只要把縱軸與橫軸裡填入適當的項目就行。但面對數字資料龐大的表格，如果不知道製表規則，會讓人非常不容易看懂內容。

　　那麼，就讓我們重新檢討製作表格的方法吧！請參照右頁的步驟。首先，抽出項目。尤其當項目眾多時，請透過邏輯思考方式，有系統地組織評價事項與評價項目，再從中抽出項目，作為製表的出發點。如何抽出每一欄每一列的項目，這個工作雖說不容易，但卻是決定一張表格理解與否的關鍵。當抽出方式太過粗略，每一項的格子都被塞入過長的文字，造成許多比較資訊混雜其中，變得很難理解。這時需要透過因式分解法，抽出共通的項目，作為表格的新項目。另一方面，當項目劃分太細，評價項目的層級與順序會變得零散，導致讀者一時半刻抓不到重點。若想透過表格傳達想說的訊息，就必須找出最適當的設定項目方式。之後所舉的例子中，示範了改善前與改善後項目設定的差別，請大家一定要學會這項技巧。

　　接著，要決定格子內的記述方式。判斷出究竟用數字表示？還是用文字表示？用符號表示好嗎？一部分用圖表或標誌來表示會不會更有效呢？最後，去強調支持你的論點的地方。如果只有單一數據的話，請把這個數字或文字換顏色、變成粗體；如果是好幾個格子構成的複數區塊，請加上色塊或框線來強調它。

表格製作方法

STEP 1 抽出項目
透過樹狀圖，有系統地抽出項目

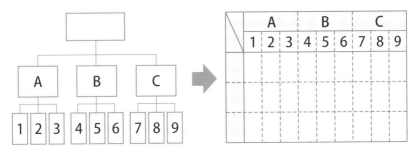

STEP 2 決定記述方式
決定表格裡的記述方式

STEP 3 強調
加強某些重點地方

02 學習表格的基本樣式

◤ 明快記住基本規則

　　最近書店架上出現許多關於如何熟悉EXCEL的書，但其實需要記住的製表規則並不多，只要遵守以下幾點，就能做出好看易懂的表格了。也可以試著應用在自己常製作的表格格式喔！

① 標題放在眼睛最先看到的位置

　　也就是左上或最上面中央的位置，字級要比其他文字大，讓讀者在閱讀表格內容前，先注意到標題文字。

② 註明單位

　　表示金額時，如果是日圓，可以用千日圓為最小單位；如果是美元，可以用K\$（1000美元）為最小單位。當位數太多，會變得不容易判讀，所以最好採用較大的單位。如果每一行的單位不同時，應該在每行項目的旁邊標記單位，才不會搞錯。

③盡量減少格線

　　盡量簡化格線，如果一定要有格線，可以改用灰色的細線來代替，讓格子裡的數字與文字能被清楚看見。

④統一文字列的格式

　　藉由讓數字靠右對齊、文字靠左對齊、設定間距並刪除縱向格線。

⑤透過項目的排列來勾勒架構

　　利用縮排（文字向內縮）、空1行等手法，讓彼此相關的項目看起來不只是條列的數據，而是呈現一個架構。

⑥用顏色表示有意義的數值

　　負數用紅色、計算後改變的數字用黑色、自變數用藍色表示等，會讓評估作業變得更順暢。

Before　格線醒目、位數太多

收支報告

收支	費用明細	1月	2月	3月	實績合計	預算	預算比
收入	活動費	350,000,000	200,000,000	569,000,000	1,119,000,000	1,200,000,000	93%
	年會費	34,000,000	34,600,000	35,600,000	104,200,000	130,000,000	80%
	網路媒體	4,000,000	3,400,000	5,400,000	12,800,000	12,000,000	107%
	商品販售	1,200,000	2,000,000	3,400,000	6,600,000	7,000,000	94%
合計		389,200,000	240,000,000	613,400,000	1,242,600,000	1,349,000,000	92%
支出	場地費	120,000,000	90,300,000	140,000,000	350,300,000	300,000,000	117%
	簡報資料	5,000,000	6,000,000	45,000,000	56,000,000	60,000,000	93%
	商品製作	90,000,000	85,000,000	120,000,000	295,000,000	250,000,000	118%
	網路媒體製作	100,000,000	98,000,000	90,000,000	288,000,000	320,000,000	90%
	交通費	50,000,000	65,000,000	45,000,000	160,000,000	200,000,000	80%
	通訊費	300,000	300,000	300,000	900,000	900,000	100%
	演講費	800,000	1,000,000	950,000	2,750,000	3,000,000	92%
	其他	1,200,000	1,300,000	500,000	3,000,000	4,000,000	75%
	合計	367,300,000	346,900,000	441,750,000	1,155,950,000	1,137,900,000	102%
總計		21,900,000	-106,900,000	171,650,000	86,650,000	211,100,000	41%

After　刪除格線。讓視線聚焦在「收支」那一行

A 事業收支報告　（2015 年 1 月～ 3 月）

（單位：千日圓）

		1月	2月	3月	Q1 實績	Q1 預算	預算比
收入		389,200	240,000	613,400	1,242,600	1,349,000	92%
	活動費	350,000	200,000	569,000	1,119,000	1,200,000	93%
	年會費	34,000	34,600	35,600	104,200	130,000	80%
	網路媒體	4,000	3,400	5,400	12,800	12,000	107%
	商品販售	1,200	2,000	3,400	6,600	7,000	94%
支出		367,300	346,900	441,750	1,155,950	1,137,900	102%
	場地費	120,000	90,300	140,000	350,300	300,000	117%
	簡報資料	5,000	6,000	45,000	56,000	60,000	93%
	商品製作	90,000	85,000	120,000	295,000	250,000	118%
	網路媒體製作	100,000	98,000	90,000	288,000	320,000	90%
	交通費	50,000	65,000	45,000	160,000	200,000	80%
	通訊費	300	300	300	900	900	100%
	演講費	800	1,000	950	2,750	3,000	92%
	其他	1,200	1,300	500	3,000	4,000	75%
收支		21,900	-106,900	171,650	86,650	211,100	41%

03 繪製出能傳遞訊息的表格

◤ 訊息該從表格的哪裡傳遞出去？

　　不只是製作表格時會遇到，我們常會遇到不清楚整體訊息該由哪裡來呈現，以致讓讀者產生「不知道該看哪裡」的疑惑，活像個迷了路的孩子。而且一說到表格，我們很容易陷入數據的整理和排列，所以接下來讓我們試著一起將訊息傳遞出去吧。

　　第一步要利用因式分解技巧來消除干擾。先把格子裡的「％」改放到右上角。接著把左欄項目分為「有應對措施」與「無應對措施」並簡化文字。然後調整格式，不讓格線過於醒目，標題置中，數字靠右對齊，相信大家看了修改前後的表格，都注意到哪裡不同了吧。

　　第二步要做到集中焦點，運用強化訊息的技巧。因為訊息重點在於「約90％的父母有應對措施」、「尤其是擁有低年級孩子的父母，強烈感受到危險性」，所以將表格分成有應對、無應對兩組，分別顯示其合計值。接著，為了清楚區分不同年齡孩童的父母的應對狀況，針對有應對措施的每個項目裡，比例最高與次高者，分別塗上不同色塊，這樣就能清楚看出色塊都集中在低年級孩子那一欄了。

　　熟悉數字判讀技巧的人，一接觸表格，能馬上發現表格所傳遞出來的趨勢或異常，但實際上，不習慣從羅列的數字中判讀資訊的人佔了大多數。雖然圖表化後，這些資訊變得更具象、更能透過視覺來傳達，但以這個例子來說，為了表現①90％以上父母有應對措施、②集中在低年級、③網頁監控軟體需求高這三大趨勢，與其製作3張圖表，不如就用一個表格來呈現，會更為清楚明白。

　　表格必須是要能藉由和重點訊息連動，來強化訊息，更能在說明的時候，讓讀者順暢無礙地理解其中精義。

Before 項目內文字太長，不知道應該看哪裡？

網路使用監控調查

約有 90% 的父母會對網路危害問題做出應對措施，尤其是低年級孩子的父母，更是強烈感受到網路的危險性。不過，網路監控軟體的使用率和普及率依舊很低。因此，網頁瀏覽監控軟體的上市，有其潛在需求。

	0~3 歲	4~6 歲	小學低年級（1~3年級生）	小學高年級（4~6年級生）	國中生	高中生
告訴孩子使用網路時必須小心	3.6%	8.2%	65.6%	46.7%	45.8%	50.3%
使用過濾軟體阻隔有害資訊（色情、賭博等）	1.7%	2.0%	10.1%	9.9%	6.6%	7.8%
孩子使用網路時隨侍在側	10.4%	51.5%	47.2%	30.1%	20.3%	5.5%
沒有特別限制	7.6%	9.3%	8.8%	9.8%	9.2%	8.3%
只讓孩子使用兒童專用網站（Kids goo 等）	3.3%	14.8%	27.5%	19.2%	8.2%	2.1%
不讓孩子使用網路與電子郵件	16.6%	32.7%	37.2%	8.9%	5.5%	1.2%

After 縮短並分類項目內文字。格子塗上色塊，具備「能見度」

網路使用監控調查

約有 90% 的父母針對網路危害問題做出應對措施，尤其是低年級孩子的父母，更是強烈感受到網路的危險性。不過，網路監控軟體的使用率和普及率依舊很低。因此，網頁瀏覽監控軟體的上市，有其潛在需求。

家長對於孩子使用網路的反應調查結果　所有答案中〔最多人／其次〕

（單位：%）

對孩子的應對	孩子的年齡層	0~3 歲	4~6 歲	小學 1~3 年級學生	小學 4~6 年級學生	國中生	高中生	平均
有應對措施	使用時隨侍在側	10.4	51.5	47.2	30.1	20.3	5.5	
	告知危險性	3.6	8.2	65.6	46.7	45.8	50.3	
	只准上兒童專用網站	3.3	14.8	27.5	19.2	8.2	2.1	90.2
	不准使用網路	16.6	32.7	37.2	8.9	5.5	1.2	
	使用監控軟體	1.7	2.0	10.1	9.9	6.6	7.8	
無應對措施	沒有限制	7.6	9.3	8.8	9.8	9.2	8.3	9.8

04 1個格子只放1個要素

◥ 一段文字內含多個要素時需細分項目

經常看到 1 個格子裡被塞進好幾個項目，或格子裡寫著滿滿文字等，這種混雜各種要素的表格。表格是分別針對不同要素進行比較的工具，所以不要把多個要素塞進同 1 個格子裡就是基本鐵則。

首先，利用因式分解技巧抽出要素，消除干擾。尤其是一長串的文字，特別容易出現主詞、形容詞、重點詞等混雜好幾個要素的情況。請記住 1 個格子只放 1 個要素，並區分好項目。但如果只是把項目從左到右排列出來，還是看不出評價基準與孰優孰劣。這裡所舉的例子，以三大評價為基準，再去細分項目，我們可以從橫列的表頭看出依大、中、小三級分類的架構。

接著，利用誘導技巧來集中焦點。面積與顏色比起數值更能迅速吸引讀者目光，所以在相對重要的功能評價項目上，以色塊來表現，讓讀者一眼就能辨識誰的色塊涵蓋率最大。

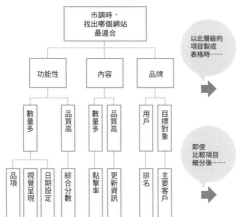

評價項目的分類過於粗略

	功能性	內容	品牌
A	具備功能性的品質高，但數量少	•••	•••
B	具備項目搜尋與日期設定功能，但品質非常差，其他方面……	•••	•••

1個格子混雜好幾則評價訊息

評價項目的分類與順序零散

	功能品質分數	排名	主要客戶	內容
A	9分	第一名	商務人士	28則內容，每天更新2次
B	6分	第五名	學生	45則內容，每天更新3次

可以比較，但結論莫衷一是

市調時，找出哪個網站最適合

以此層級的項目製成表格時……

即使比較項目細分後……

功能性 — 數量多（品項、視覺呈現、日期設定）、品質高（綜合分數）

內容 — 數量多（點擊率、更新資訊）、品質高

品牌 — 用戶（排名）、目標對象（主要客戶）

Before 格子裡的長句，閱讀起來倍感壓力

比較數據網站

從功能性、內容、品牌三個面向調查了 5 家網站。
C 網站的功能涵蓋率最廣，是最適合的網站，建議採用。

	功能性	內容	品牌
A	高功能品質，但數量少。一般用戶沒有附加圖片搜尋功能。	內容則數少，具備高品質。	・排名第 1 ・以商務人士為主
B	雖然有類別搜尋與日期設定功能，但僅限付費會員使用。	內容則數多，更新頻率高。	・公認適合金融業界
C	具備許多功能，公認能設定非常詳細的搜尋條件。	內容則數是 5 家網站中最多的。	・商務人士，尤其管理階層愛用
D	只有類別搜尋功能。	內容則數中等，內容多偏向某一類。	・在年輕上班族之間普及率非常高
E	能使用有限制的人物設定、地區設定功能，適合在地化的活用。	內容則數少，缺乏網羅性。	・女性使用者多

After 項目系統化，在重要的地方用色塊

比較數據網站

從功能性、內容、品牌三個面向調查 5 家網站。
C 網站的功能涵蓋率最廣，是最適合的網站，建議採用。

評價事項 網站	功能性						內容		品牌		綜合評價
	數量					品質	搜尋件數	每天更新次數	排名	主要用戶	
	類別搜尋	圖片搜尋	日期設定	地區設定	人物設定	綜合分數					
A						8	28	2	1	商務人士	○
B						6	45	3	5	金融業界	○
C						9	55	2	2	管理階層	◎
D						3	31	1	10	年輕人	△
E						1	20	1	22	女性管理階層	×

□ 功能涵蓋範圍

05 不排列數字，改以呈現趨勢走向

◤ 彙整數據，就能看出其中意義

　　我常常看到有人把 EXCEL 製作的數據表格，直接複製貼在 POWERPOINT 上，不僅數字小到看不清楚，也沒傳遞出訊息重點。此刻必須要再加工製作才能展現數據表格其中含意。

　　首先一樣要消除干擾。表格是用來看清趨勢走向的，所以請大刀闊斧地刪除數字吧！你或許會無法接受「表格裡竟然沒有數字」，但這裡所舉的例子，製表的目的並不是要你掌握每 1 個數字，而是去呈現 1 天下來不同時間的不同趨勢走向。所以，表現上，不將數字當成絕對值，而是粗略地把數字分成 3 ～ 4 個等級，然後再把情況類似的時間彙整成時間帶。這麼一來，每 1 個小時相互比較時沒看出的趨勢走向，就能清楚看出來了。只做了這些加工，就能讓大致的趨勢走向浮出檯面，若再進一步使用聚焦技巧，更能彰顯訊息重點。

　　聚焦其實是使用了「轉換角度看數據」的技巧。數值排列上，雖然 1 天的開始是從凌晨 0 點開始計算，但沒有人從凌晨 0 點開始活動，所以原本的排列方式並不符合生活節奏。呈現數字資料時，往往自動從小數字排到大數字，例如月份就從 1 月開始排，時間就從 0 點開始展開，但此時必須再多加一道工序——轉換角度，改用有意義的排列方式。最後，為了讓趨勢走向更一目了然，把格子塗成不同深淺的顏色，來表現數量的多寡。

　　將數據無意義地排列，會讓看數據的人變得興致索然，提不起勁。要記住不是把數據原封不動地呈現，而是去刪除不需要的數據，經過彙整、重新排列，讓數據的意義浮出檯面。

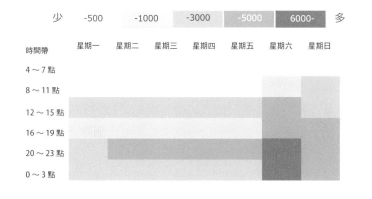

Before 直接使用 EXCEL 的數據表格

上傳次數（4 月第 3 週）

時間 ▼	星期日 ▼	星期一 ▼	星期二 ▼	星期三 ▼	星期四 ▼	星期五 ▼	星期六 ▼
0	6345	3902	3925	3828	3905	3885	5598
1	7023	3500	3523	3424	3503	3483	6410
2	6900	1208	1231	1132	1211	1191	7098
3	5803	999	1022	923	1002	982	2300
4	3452	930	953	854	933	913	1450
5	1450	451	474	375	454	434	945
6	1035	428	451	352	431	411	967
7	1320	389	412	313	392	372	1235
8	1589	349	372	273	352	332	1340
9	1890	456	479	380	459	439	1389
10	2256	389	412	313	392	372	2145
11	2456	489	512	413	492	472	2349
12	3890	653	676	577	656	636	3765
13	4034	590	613	514	593	573	3698
14	4678	230	253	154	233	213	4560
15	4982	241	264	165	244	224	4320
16	3900	307	330	231	310	290	4156
17	3765	560	583	484	563	543	4530
18	3209	890	913	814	893	1239	5125
19	3102	967	990	891	970	1503	5235
20	3007	1003	1026	927	1006	1876	5670
21	2980	1209	1232	1133	1212	1903	5890
22	2789	1509	1532	1433	1512	2089	5567
23	3452	2890	2913	2814	2893	3598	5992
24	3790	2904	2927	2828	2907	4909	6107

After 彙整成有意義的時間帶，用顏色表現「多寡」

上傳時間帶的趨勢
（2015 年 4 月第 3 週）

此網站的上傳量，以平日下班後的時間帶最多，週末下午到深夜
這段時間的增加速度也很驚人。

少　-500　　-1000　　-3000　　-5000　　6000-　多

時間帶	星期一	星期二	星期三	星期四	星期五	星期六	星期日
4～7 點							
8～11 點							
12～15 點							
16～19 點							
20～23 點							
0～3 點							

06 追求快速解讀表格

◣ 不細讀數字的技巧

基本上表格是為了詳細呈現數字而存在的。理所當然地,表格能讓你逐一了解數據,然後再與其他資料做比較,只不過這樣一來既耗時又費工。如果只是想呈現某個數字資料的特性,用圖表表示就可以了。之所以選擇用表格表示,通常是因為表格同時具備圖表所無法表現的詳細數據屬性,以及可以拿來比較的數字資料。換句話說,在解讀表格前,先去區分這些資料是應該慢慢消化的數據屬性?還是用來呈現趨勢走向的數字資料?就能加速解讀的腳步。對數字敏銳的人,能從羅列的數字中發現異常值與重點,但對數字遲鈍的人來說,想從中看出端倪可比登天還難。為了讀者著想,最好再花一道工夫,製作出具數字比較後的結果,讓人可以一看就懂的表格吧。

首先是消除干擾,根據表格的基本樣式,讓文字與數字對齊排列,並刪除不必要的格線。由於接下來的聚焦技巧是把其中幾欄變成圖表,所以如果表格裡充斥著很多格線,會讓整個表格變得非常擁擠、有壓迫感,所以必須盡可能把格線簡化。

接著是聚焦,把最想讓讀者看到的數字欄,變成圖表。由於數字有負有正,所以把中央設為 0,負數向左,以紅色呈現,正數則向右呈現。即使不讀數字,也能從顏色與長短馬上分辨孰優孰劣了。

該如何在表格裡插入圖表呢?可以先在別的地方做好圖表再剪貼過來,或是直接用表格所附的插入圖表功能製作。不管選擇以上哪種方式,都需要再多花一道工夫,所以請根據對方的狀況,以及想傳達的訊息的重要度,來斟酌活用這項技巧。

Before 無法讓人一眼看懂數字的「大小」

商品別收支比較

（單位：千日圓）

大分類	小分類	平均價格	進入市場時期	一般家庭	企業
OA 機器	電腦 PC	12.5	2014/10	(15,001)	45,002
	10 印表機	2.8	2013/12	42,983	24,505
	11 多功能影印機	4.3	2014/07	16,904	(12,300)
	12 傳真機	2.1	2011/06	2,300	16,403
	13 投影機	4.6	2012/12	(3,409)	12,904
傢俱、收納	14 辦公桌椅	20.3	2012/09	12,901	29,000
	15 會客室成套桌椅	34.2	2010/03	2,298	34,000
	16 書架	6.9	2011/03	2,690	(6,700)
	17 櫃子	5.8	2013/04	1,078	(4,500)

After 一部分改用「柱狀圖」，清楚呈現大小

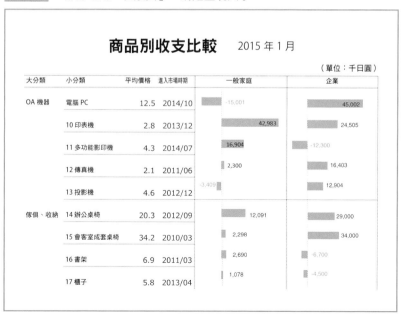

07 告訴對方選擇這個提案的優點

◪ 利用「○、×」與「可、佳、優」來引導

首先，使用「架構」消除干擾，讓評價焦點更集中。舉例來說，如果要比較並選擇哪個策略好時，就透過3C（顧客、競爭者、公司）或SWOT（優勢、劣勢、機會、威脅）等架構來分析；如果要比較並選擇哪個行銷計畫好時，就利用4P（產品、價格、通路、促銷）等架構來檢討。架構的功能就像過濾器一樣，不僅能確保你的思考廣度，還能排除不必要的內容加進提案裡。為了避免不相關、多餘的資訊摻進評價裡，請依循架構檢討評價項目，並刪除不重要的項目。

接著，集中焦點方面，活用誘導技巧，讓讀者選擇我們推薦的提案。如何進行誘導呢？第一種方式是利用「○、×」來表現評價結果，讓對方對於孰優孰劣一目了然。進行評價時，為了讓評價更具客觀性，可以用「◎、○、△、×」四階段評分，明確設定每一階段的基準，例如「80%以上=◎、50～80%=○」等等。如果想要進一步把諸多複雜要素綜合起來評價，可以參照改善後的例子，順應項目的優先順序進行加重計分，以此算出每一個計畫的總分。而第二種方式，是利用誘導技巧，把極端的提案插入提案選項之中，以此對比出欲推薦提案的適合性。說到選項的數量，雖然消除干擾的工作很重要，但如果選項太少，反而會給人「真的有好好檢討分析各種可行性嗎？」的疑慮，造成本末倒置的結果。就像常見的「可、佳、優」一樣，當你提出三種建議案，就能讓不同案子的不同特徵顯露出來。並藉由插入極端的選項，去彰顯希望對方選擇的提案是多麼的適合。請利用事先計畫好的表現方式，讓對方面對好幾個選項時，能毫不猶豫選擇你要他選擇的那一項！

Before 資料只是排排站，沒有評價項目與基準

策略選項評價

	特徵	相關部門、集團、公司	預估市場規模	預估執行時期
A 計畫	效果好，但時間調度有風險。由於市場尚無競爭對手，先行利益可期。新概念推展的成敗，與如何和現存事業連結息息相關。	A 事業部	21.4	2016/1
B 計畫	雖然充滿創新，但成效穩健，值得期待。重點在於如何針對目標對象傳遞不同於既有商品訴求的廣告策略。	C 集團	13.5	2015/4
C 計畫	為了打造新品牌，把合作廠商一併拉進來。由於通過大規模投資案需要額外程序，執行難度高。	F 公司	34.2	2016/10

After 顯示評價項目與重要性，用數字表示結果

策略選項評價

C 計畫除了在市場性與競爭優勢方面表現佳之外，在可行性與融合性方面也獲得高分，成為被推薦的提案。

評價項目	市場性	自家優勢	競爭優勢	可行性	融合性	合計
加重計分	4	3	1	2	1	
A 計畫	10	2	7	1	6	**61**
B 計畫	8	2	4	3	5	**53**
C 計畫	8	4	6	5	5	**65**
D 計畫	4	6	2	3	2	**44**
E 計畫	4	8	0	2	2	**46**

該如何呈現做好的資料？

　　花費太多心力在製作資料上，卻不去想怎麼說明、如何傳達，以至讓辛苦完成的資料在會議或提案場合上一點也不吸引人……你是不是經常這樣呢？又或者經常目睹這樣的慘劇在眼前發生？

　　一提出就被判死刑的資料，想想都覺得可惜。在會議或提案場合上提出的資料，不只製作時需要花費心力，要如何呈現、說明，更需要細心排練推敲。在埋頭製作大量的資料前，先從以下角度進行提案設計吧！

① 所需時間

　　假設給你 30 分鐘的時間提案，最好不要把 30 分鐘都花在資料說明上。舉例來說，可以採取資料說明 15 分鐘、討論 10 分鐘、確認決議事項 5 分鐘，以這種方式分配時間。如果是 15 分鐘的資料說明，一張投影片大約花 3 分鐘說明，所以全部提案只要 5 張投影片就好，其他資料則以參考資料的形式夾在提案書的最後。如果把參考資料也放入提案報告內文中，就會做出 10 ～ 20 張投影片，這樣不管怎麼想，都會讓說明變得沒完沒了。

② 引導

　　所謂引導，就是去設計會議進行時該如何按部就班進行資料說明。舉例來說，一開始先確認今天會議的目的，確認與會者是否理解會議的主題，在此前提之下，再進行後續的資料說明。接著在每一章節告一段落時，確認大家是否有疑問。最後聽聽大家的意見，再進行表決。如果好好模擬演練以上流程，讓書面資料依循「今天的目的」、「選項比較」、「今後的課題」等架構製作，就能讓提案內容更具體化，也更具針對性。

　　資料製作不用花太多工夫，倒不如試著模擬當提案成功時的狀況吧！

Chapter

【圖表】

傳遞數字重點

01 先精通 4 大基本圖表吧！

◤ 用圖形表示「數量」、「推移」、「排序」、「內容」

　　首先請大家記住 4 大圖表，並理解這 4 種圖表各能用來強調哪些重點，之後再來挑戰其他綜合性圖表吧。雖說幾款比較艱澀難用的圖表沒必要特意記住，但如果你「永遠只會用直條圖」，就無法精準表現數字裡的重點了。

　　圖表共有 4 種基本類型。比較連續數量大小的直條圖；表示變化推移的折線圖；呈現排名的橫條圖；表現詳細內容的圓餅圖。

A. 直條圖

　　像是呈現時間序列下的銷售數字等等，是最常使用的圖表。橫軸通常為年月或第幾季等連續的時間軸，縱軸則是數量。

B. 折線圖

　　橫軸通常表示時間序列，縱軸是呈現數值的變化。與直條圖最大的不同在於，它不是為了呈現變化的程度，所以縱軸的起點不一定要從 0 開始。

C. 橫條圖

　　橫條圖不光只是把直條圖橫擺那麼簡單，它還能將相同屬性的項目排出順序。也因為要呈現出排名，要適時更動縱軸要素的排列順序。

D. 圓餅圖

　　圓餅圖適合用來表示數據的細項內容。相較於橫條圖與直條圖用長度進行比較，用扇形面積與角度來比較難度反而更高，所以當數據較複雜時不適用。甚至有些企管顧問公司禁用這種圖，所以請大家特別注意它的使用方式。

4 大基本圖表

A 直條圖

表現連續且特定的量
- 縱軸設成數量
- 橫軸設成時間或會變化的要素
- 基準點從 0 開始

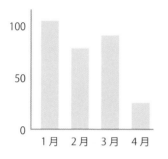

B 折線圖

顯示事物變化的走勢
- 縱軸設成比較項目
- 橫軸設成時間順序
- 基準點不一定從 0 開始

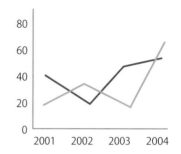

C 橫條圖

為相同屬性的項目排序、做比較
- 縱軸設成比較項目
- 橫軸設成能顯示排序與比較結果的數字
- 基準點不一定從 0 開始

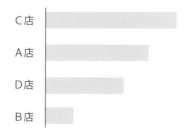

D 圓餅圖

表示詳細內容
- 用面積表示不同內容的佔比
- 不適用於走勢比較

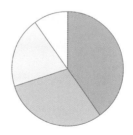

02 圖表盡量放大呈現

◤ 圖表做得太小，也是一種干擾

圖表是藉由面積與形狀來表現數字重點的工具，所以應盡量把圖表本身放大，擴大圖表區塊的位置。下面介紹幾個放大圖表的方法：

①圖例的位置

用滑鼠按著圖例移動並放大，選擇放在最大、最醒目的位置。不可把圖例放在圖表區塊外，放在區塊內才會最清楚有力。

②兩軸名稱

改變一下兩軸名稱（本例中的「期望理由」）的位置，或是把年、月等不需標註也看得懂的地方全部刪除，如此就能把圖表本身放到最大。

③刻度的表示

若數字大到出現好幾位數時，就以千元為單位，如此就能縮小刻度的數字。圖表不是拿來看絕對值的，而是拿來查看數量與變化的趨勢，所以把數字本身去掉幾個零也無傷大雅。

此外，把幾個一樣的圖表排在一起時，圖表面積會自動縮小，為了解決這個問題，在此提供大家幾個圖表的應用方法。Before的圖例中，是將 2 個圓餅圖上下並排，為了將圖表放大，在After的圖中使用了所謂的甜甜圈圖，也就是 2 個圓餅圖重疊後所呈現的樣子。這樣一來，不僅把圖放大了，原本因為分開而無法一起比較的項目，現在像甜甜圈一樣重疊後，也更容易清楚比較。另外也可以選擇100%堆疊條圖等圖表來呈現詳細內容，總之要選擇能讓圖表面積大，又容易比較的圖表樣式。

Before 因為「期望理由」等不必要的文字，使圖表本身變小

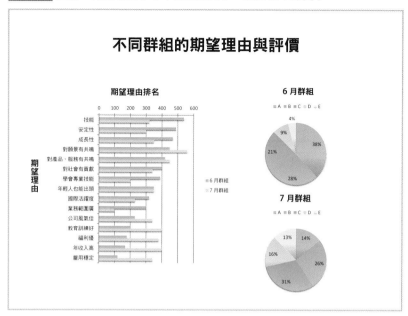

After 放大圖表，刪除兩軸名稱，改變圖例

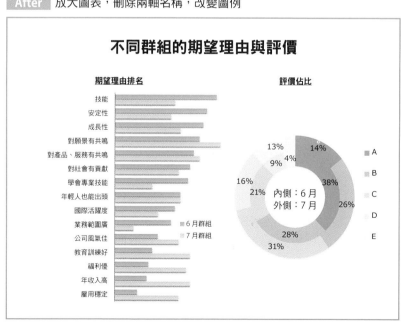

03 怎麼擺圖例？要考慮視覺動線

◣ 視覺動線呈鋸齒狀，也是一種干擾

　　改變圖表的圖例位置，雖說能有效放大圖表，但還有一個必須注意的重點——視覺的動線。

①配合數據排列

　　也就是配合數據的順序排列。如果數據平行排列，圖例就要平行排列；如果數據垂直堆疊，圖例就要垂直排列，一定要讓圖表與圖例的排列順序一樣。如此一來，製作資料的人即使沒在一旁說明使用了什麼數據，一開始接觸這份資料的讀者也能一邊參考圖例一邊解讀。要是出現排列順序不一致，會讓讀者在圖表區塊與圖例之間來回好幾遍，延遲理解的速度。

②依循視覺動線配置

　　配合排列順序後，還要把圖例放在視覺動線會經過的位置上。像是Before的例子，當圖例被橫放，加上月份也是橫放時，會讓讀者產生圖例與月份必須一起對照來看的錯覺。若是能像After的圖，把圖例放在右側，看完數據直接看圖例，就能防止混亂的情況發生。而且，像這樣把彼此放得近一點，也能防止視線一再來回確認，就好比圓餅圖時，可以直接把項目名稱寫在每塊圓餅的中間。

③分隔線

　　After的改善實例，除了圖例的變更之外，還刪除了刻度格線，畫上分隔線。這是為了引導讀者的視線，從中找出每家公司的佔比究竟是如何推移。由於重點不是要比較每個長條圖裡的面積佔比，而是要呈現時間推移下的變化趨勢，所以把長條面積改細。加上圖例後，有計劃地透過分隔線引導讀者閱讀的動線。

Before 圖例與數據順序不一致

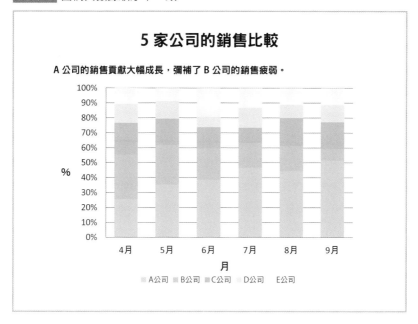

After 將圖例配合數據排列，並利用分隔線引導視線

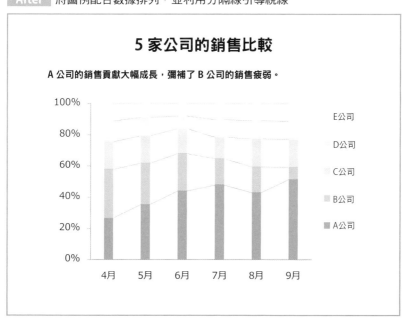

04 改變刻度，畫出重點

◤ 想呈現劇烈走勢？還是平穩走勢？

　　圖表是用來強調數量與變化結果的工具，當你想加深結果給人的印象時，刻度是不得不提的要點之一。刻度設定不同時，呈現出來的面積與趨勢也會跟著改變。像是Before的圖中，刻度上限設為100%，呈現出來的線圖走勢並不明顯。而在After的圖，刻度上限改設為14%，折線的走勢與觸頂的狀況馬上一清二楚。如果你想藉由圖表傳達「女性管理階級比例經過四分之一個世紀後只有微幅增長」，那Before圖的刻度設定就沒有問題。一切視你想表現劇烈走勢還是平穩走勢決定，這些都可以透過刻度設定來操控。

　　從另一個角度來說，當你去看別人所製作的圖表時，必須注意刻度的設定。隨意地改變刻度來製作圖表的案例不勝枚舉。說這個原理形同詐騙一點也不為過，因為當人們突然接觸一堆數字時，無法馬上下判斷，一旦改用圖形容易讓人留下印象，也比較好操控。

　　另外，直條圖的面積代表數量的多寡，因此規定數量的起點一定要從0開始。

起點不是0易產生誤解

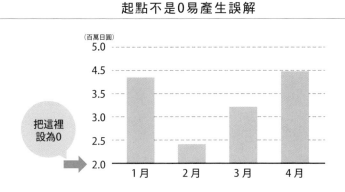

Before 刻度上限是 100% 時，看不出明顯推移

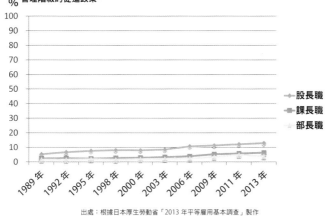

After 刻度上限改為 14%，「停滯最高點」浮現

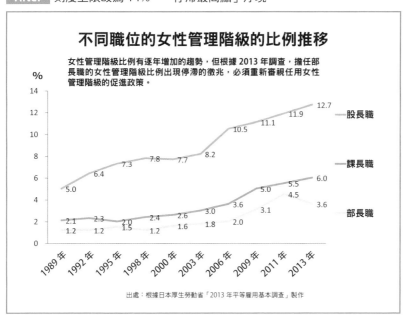

05 透過橫向縱向的比率縮放，加深印象

◥ 是否正確表現數據間的差異與關係？

　　右頁的圖例是根據相同數據製成相同的圖表，但呈現出來的感覺是不是很不一樣呢？兩張直條圖刻度上限都是50%，不同的地方只在圖表橫向、縱向的比率縮放。在Before的圖中，看不出商品間的購買比率有什麼差別；在After的圖中，這個差別清楚浮現。直條圖與折線圖是最容易透過橫向與縱向的比率縮放，表現出些微差異或劇烈差異，只要能在正確傳達出訊息的前提下進行，都是沒問題的。

　　不過，散佈圖則另當別論了。散佈圖是為了呈現出相關性，一旦改變橫向與縱向的比率，就會抓不到正確的距離感，看不出彼此的關聯何在。Before的圖中，因為把圖表橫向拉長，根據座標點出來的圓點彼此分離，看不出相關性。而After的圖中，則清楚浮現出「A、B、C」與「D、E」這兩個群組。繪製散佈圖時，縱軸與橫軸的刻度間距最好一致。

　　到目前為止，試著從圖表基本角度切入思考，我們介紹了放大圖表、考慮視覺動線、用刻度與橫向縱向比率縮放來改變印象等技巧。我相信大家已經明顯感受到Before和After的不同之處了吧！只要注意這些技巧，同樣的數據或圖表，就能傳遞出截然不同的重點印象。也就是說，不加入這些技巧，光用EXCEL等軟體做出標準圖表，是很難表現出你想表現的重點。

　　在挑戰複雜的圖表之前，請先好好學會這些能精準呈現 4 大基本圖表的精華技巧吧！

Before 圖表被橫向拉長，高度差不明顯，看不出相關性

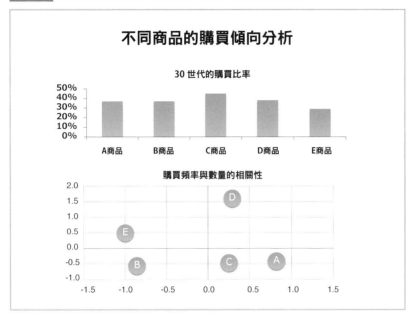

After 兩張圖表改成左右並排，能讓印象丕變

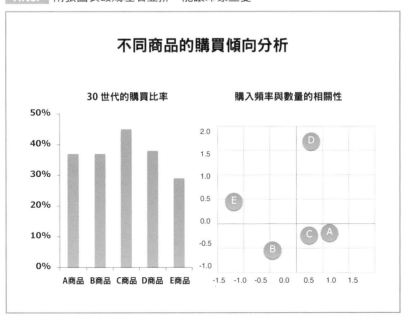

06 用直條圖比較相同的量

◥ 不使用 3D 圖。顏色要與數字的意義吻合

直條圖是透過面積大小來比較數量的多寡，所以不適合用3D圖表現。要是把重點都放在面積大小，而內含體積資訊的3D圖，反而會成為判讀的干擾。歪斜的立體圖容易造成判斷錯誤，就像Before例子中後方B公司的數據變得不容易判讀。在After的例子，則以組合式直條圖的方式把兩家公司的數據並排在一起。

3D圖因歪斜而產生干擾的狀況，不只直條圖，也會出現在圓餅圖，所以建議大家最好少用。而且，這幾年大部分關於簡報資料製作與提案技巧的書，不斷聲明應該停止使用3D圖，所以如果你不小心使用了3D圖，很可能會給人程度不佳的感覺，還請大家特別留意。在問卷調查報告等資料中，經常看到利用無數個3D圓餅圖來表現每一題的受訪者比例，這裡面除了剛剛提到的不容易判讀等問題，也會讓人不禁懷疑製作資料者的檢驗與分析能力。隨便用3D圖表現，風險是很高的。如果你還是想用3D圖來裝飾報告，請避免在同一份報告中多次使用3D圖。

直條圖的每塊面積，基本上表示的都是相同的要素，所以不需要把每一塊塗上不同顏色、畫上不同紋路。不過，當數據意義不同時，就必須做一些改變。這裡所舉的例子中，2014年的數據是預估數值，如果與2013年為止的實際數值塗上相同的顏色，很可能會讓人誤會這個數值是實際發生過的。圖表改善後，只把2014年的數據塗上別的顏色，外框用虛線取代實線，就是為了強調它是一個預估數值。同樣的作法也適用在折線圖。使用電腦作業時，只要選取想變更的數據，再按「數據格式設定」，就能改變特定數據的線條與顏色。

Before 3D 圖會產生誤判，看不懂資料

After 用不同顏色表現意義不同的數據，防止誤判

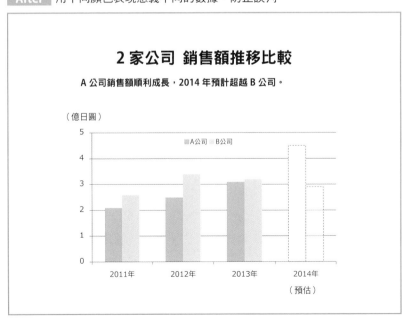

07 刪除干擾資訊

◥ 不秀出會妨礙思考與理解的資料

與傳遞訊息無關的資料若出現在報告中，很可能會成為一種干擾。想呈現急速成長的結果時，一旦中間的數據高低起伏明顯，反而會吸引讀者把焦點放在這裡，結果無法傳遞出成長高達5倍之多的重點資訊。日本軟銀集團（SoftBank）社長孫正義所做的簡報就有一個特徵，那就是有三分之二的投影片都是清一色向右上成長的直條圖，完全不讓中間的數據成為干擾。也就是把Before的例子中引人注目的高低起伏資料，大刀闊斧地全數刪除，只留下最舊與最新的資料，讓一切回歸單純。

假使對方的個性較為謹慎，質疑你為什麼不呈現中間的數據，這時你可以拿出全部數據，並把出現異常值的地方以對話框的方式加註說明。例如：這一年因為「消費稅增加」導致銷售降低等等，事先解答對方可能提出的疑問。

這裡所舉的例子，很乾脆地把中間數據全部刪除，呈現亮眼的成長結果；但也有很多報告只取樣近幾年的數據，使得結果無法呈現明顯變化。跟5年前相比，不管改善效果如何，也一定比一年前相比要來得顯著。所以不要懷疑，一定要拿5年前的數據跟現在做對比。判斷某些數據是不是干擾之前，必須先仔細思考你想傳遞的重點是什麼。總之，不要把全部資料拿出來，也不要不熟悉資料就任意刪減，而是有計劃地組織資料，思考清楚想傳遞的訊息重點。

所謂圖表，是一種用戲劇化手法呈現數據的方法。想發揮戲劇化的效果，圖表就要更簡潔、單純。

Before 中間的數據出現「下滑」，引人注目

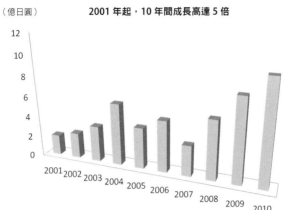

公司的銷售成長

2001 年起，10 年間成長高達 5 倍

（億日圓）

After 把中間的數據全部刪除，變得簡單明瞭

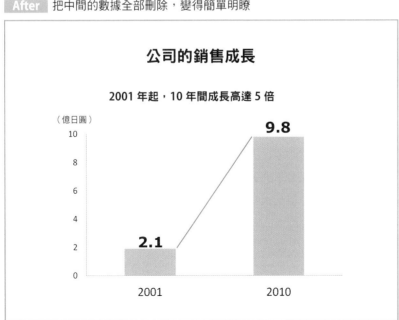

公司的銷售成長

2001 年起，10 年間成長高達 5 倍

（億日圓）

08 有效表垷數量遞減

◥ 如何呈現錯開、慢慢遞減的視覺效果

　　要表現業務改善等政策的施行成效時，光用標準的直條圖來表現刪減額度，將無法抓到重點。雖然想用戲劇化手法呈現刪減效果（或增長效果）的視覺震撼力，但以我看過這麼多資料的經驗，大家最常採用的手法，不是單純只用表格表現試算成果，就是像右頁的Before圖，用直條圖來表現比較結果。好不容易想出一個有效的策略來提案，卻以這種方式呈現實在是非常可惜。遇到這種情況時，讓我們透過集中焦點的誘導技巧，試著表現究竟有多少的改善幅度與成長幅度吧！

　　After的例子中，採用所謂的階梯圖，它屬於堆疊式直條圖的一種，能表現兩個時間點前後的量的變化，也就是強調之前的狀態在經歷了怎樣的數值變化後，會變成之後的狀態。由於圖表整體看起來很像水流，所以又被暱稱為瀑布圖。這裡所舉的例子中，想要傳達的訊息是：之所以有這麼大的改善成效，除了改善業務流程，同時也對外發包。反而是Before的例子中，只一併把政策改善效果呈現出來，沒有表現出其中的意涵。

　　瀑布圖適用於說明數值的變化，如果變化起因於一個以上的要素，例如施行了各式各樣的政策，哪一個要素才是能與銷售或獲利相連結，把這個要素用視覺的方式來做強化。

　　以前的EXCEL或POWERPOINT沒有製作瀑布圖的功能，必須先製作堆疊式直條圖，將圖形存檔後，再把每一塊要素往旁邊拉互相錯開。而最近的版本，可以在製作好堆疊式直條圖後，透過格式變更，輕易就能做出瀑布圖。請大家一定要挑戰看看。

Before 只知道個別改善效果

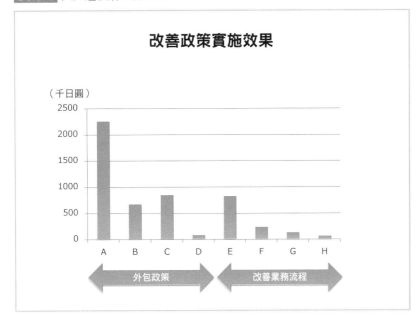

After 表現「階段式效果」

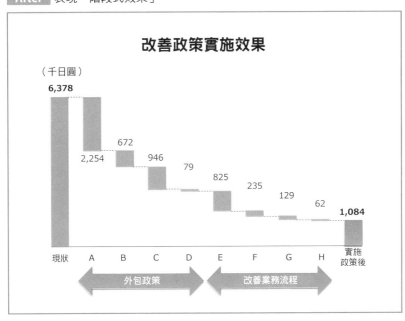

09 不用直條、而用「折線」來表現數量

◤ 不要因為是數量，就執意用直條圖

　　雖然前面介紹了「用直條圖來表現數量」的基本規則，但並不是沒照基本規則走就一定是錯誤。重要的是，哪種表現手法最能清楚傳達你想說的訊息。這裡所舉的例子中，要表現的是每種商品在不同年齡層中的認知度，如果按照基本規則，就會製作出跟Before圖一樣的組合式直條圖了。可是，透過直條圖，雖然能比較同年齡層的商品認知度，但要比較不同年齡層的商品認知度卻很困難，因為每個直條之間都有一段距離。遇到像上述的情況時，可考慮用折線圖會比較容易看出端倪。同年齡層的認知度可以透過縱軸的數量來比較，而不同年齡層的認知度則可透過線的走勢來看清，結果都是一目了然的。改變圖表的種類，等於看資料的視角也會些微改變，正因如此，才得以比較每組之內與各組之間數量的差異。

　　案例中，主要是教我們必須去思考該用什麼角度、以什麼形式呈現年齡層、商品、認知度這三個要素，而不是單純進行數量的比較。人們往往會陷入「數量＝直條圖」的強烈執著，而不去考慮其他種表現方式。使用EXCEL或POWERPOINT圖表功能時，通常會跑出許多圖表選項供你選擇，請大家每一個圖表都點點看，說不定換成這個圖表，會做出令你意想不到、能清楚表現報告訊息的結果。另一個推薦的圖表樣式是雷達圖，適合用來比較不同商品的屬性，雖然它不適用於商品內容的詳細比較，但可以具體表現出商品的特徵，所以也適用於本案例中的認知度比較。

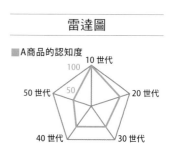

雷達圖

Before 不同年齡層對不同商品的認知傾向不明顯

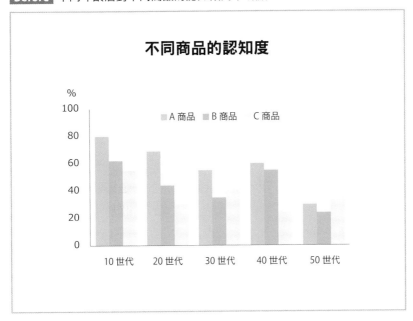

After 從縱向可以比較「同年齡層」，橫向則比較「不同年齡層、不同商品」

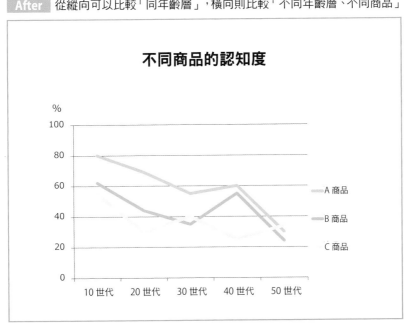

10 用「高 × 寬」來表現數量吧！

◤ 透過面積圖，動態化呈現數量

　　這個例子中，要檢討的是應該刪減「哪個業務的哪項費用」，所以必須在好幾個重覆的要素中進行數量的比較，而一般的直條圖是很難完成這項艱鉅的任務。我們先來看Before的圖，透過堆疊直條圖表現了每項業務的費用累積，但每項業務所花費的金額不僅不同，細項的費用又分散四處，根本無法對齊進行比較。那麼，改用齊頭式的100%堆疊直條圖來呈現每個業務中的費用佔比呢？但這麼一改，不僅看不清費用的絕對金額，也找不出想刪除的項目了。

　　像這種既要比較固定量、又要比較明細的時候，請試著改變兩軸既有的視角。每項業務花了多少費用，不用縱軸表現累積的高度，而是改用水平軸呈現增減的寬度。此種圖表就是所謂的面積圖，透過四角形的組合，可以同時比較要素的絕對大小與相對佔比。

　　但製作這種圖表相對花時間。首先，先製作100%堆疊直條圖。接著，根據比例算出數字，決定每個直條在水平軸上是變粗或變細。其中要注意的地方，由於形狀的判讀並不容易，即使是一樣的量，有的以橫向拉長的方式呈現，有的以垂直拉長的方式表示，所以光看面積，很可能發生誤判的情況，所以，請在每一塊面積內標註數字。

　　出現一個以上的要素時，最好養成改變一下既有視角的習慣。所謂的改變視角，不僅意味著改變排列方式，也意味著變更水平軸、縱軸的設定方式，找出最適合的表現方案。當你就算改變圖表類型也找不到最適合的表現方式時，請試著挑戰改變排列的方式與兩軸的設定吧！然而，由於一般人很難想到這類手法，所以建議大家多看各種圖表，思索對策的時候大腦中便會冒出許多選擇。

Before 堆疊的直條，由於高度不同，不容易比較

不同業務的改善檢討會

（百萬日圓）

費用C
費用B
費用A

業務A　業務B　業務C　業務D　業務E　業務F　業務G

After 用「面積」比較一目了然

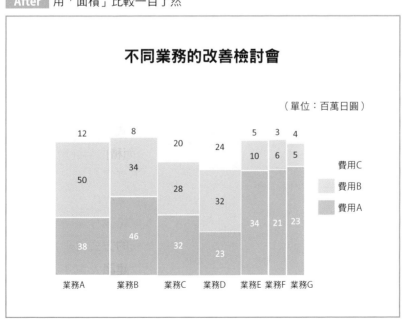

不同業務的改善檢討會

（單位：百萬日圓）

費用C
費用B
費用A

業務A　業務B　業務C　業務D　業務E　業務F　業務G

11 數量單位完全不同時，請設成左右兩軸

◥ 有效設定左右兩軸的刻度

　　以直條圖或折線圖同時比較好幾個要素時，如果數量或單位相差很大，又只以一個軸來表示時，會讓其中某些要素變得非常微小，甚至幾乎看不見。尤其是像金額與百分比這種絕對量與相對佔比時，根本就無法用同樣的刻度標準來比較。這時，請改用雙軸圖表，並改變其中一軸的刻度。這種作法也屬於改變「視角」的技巧之一。在Before的例子中，把銷售收入、銷貨成本與毛利拿來比較，與其用絕對值表示毛利，不如用毛利率的方式，更能呈現出異常。After的圖就改以毛利率的方式呈現，毛利率參照右軸的％單位，並以折線表示。

　　而關於雙軸圖表的製作，第一步，做出組合式直條圖，選取欲更改軸設定的圖表，右鍵選擇「資料數列格式」，從「數列選項」中選擇「副座標軸」。

　　雙軸圖表中，以柏拉圖（Pareto chart）最為常見。在柏拉圖中，將項目的數量由多到少以直條圖排列，再對照右軸畫出累積百分比的折線，這麼一來，就能看出比較項目會產生多大的影響效果了。如果數據是「數量與百分比」的組合，請優先考慮使用雙軸圖表吧！

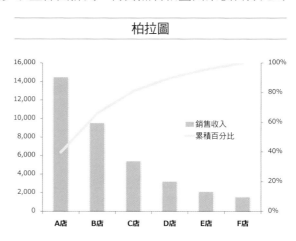

Before 由於「毛利」數字太小，不容易辨別

每月銷售利潤

■銷售收入　■銷貨成本　■毛利

| | 4月 | 5月 | 6月 | 7月 | 8月 | 9月 |

After 毛利改用比率（％）表現，另外設定成右軸

每月銷售利潤

（百萬日圓）　■銷售收入　■銷貨成本　毛利率

12 表現變化的推移

◤ 清除干擾的重疊狀態

　　折線圖能藉由線的走勢判讀推移情況，一旦線太多，會變得難以判讀。如果線的數量維持在 3 條以內，能清楚呈現重點，倒沒什麼問題；若變成 5 條線，將會交織成相當混亂的樣子。遇到這種情況，就必須使用消除干擾中的「刪除重複（疊）」這項技巧了。

　　After的例子中，把原本重疊在一起的 6 條線改成 6 張並列的圖表，光是這個動作，就能讓每條線的形狀清楚呈現在讀者眼前。接著在每張圖表下方加註一句說明，馬上就能對每家分公司的特徵留下深刻印象。雖然Before的圖表面積比較大，但由於太多線互相重疊，即使圖表大也看不出每條線的特徵。當放大圖表也看不出特徵時，請試著逆向思考把圖表縮小、刪除重複（疊）吧！尤其像股價走勢圖，圖表裡存在著太多連續且零碎的上下波動，即使只有 2 條股價線放在同一張圖裡，也非常不容易判斷，所以最好能分成 2 張圖表，上下並排。

　　在本例中，把一張圖拆成好幾張時，圖例也是一個問題。雖然使用不同顏色、虛實來區別不同的線，但數量實在太多了，很難一眼就能辨認清楚，視線常常需要在圖例與圖表中來回游走，而且很有可能在這來回的確認中，宣告放棄。看到After的圖表，把圖例刪除後，不僅變得簡潔，就算只是單純的黑白列印稿，也能充分傳達出 6 家分公司的特徵。

　　使用多種顏色或形式的線條，等於把讀者推向更複雜的解讀深淵。只要刪除圖表的重複（疊）之處，就能變回簡潔的圖表，不用再耗神費力地解讀了。所以請大家在選擇線條形式與顏色之前，先想一想如果不使用，是否也能好好表達你想說的訊息吧。

Before 6 條線處於混亂狀態，看不出趨勢

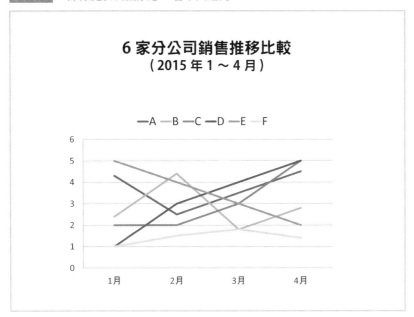

After 圖表分別排列，統一線的樣式與顏色，刪除圖例

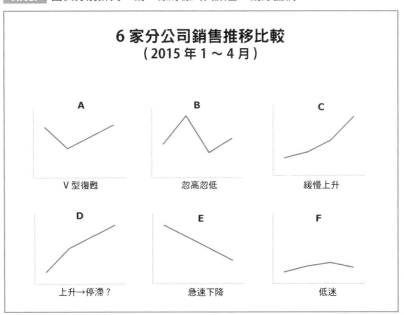

13 選擇改變最顯著的方法

◥ 只是調整排列順序，馬上一清二楚

在Before的例子中，嚴格來說並沒有不對，但硬要挑毛病的話，我們還是可以找到改善這張圖的呈現方式。After和Before的圖最大的差異在於資訊的排列。而After的圖之所以改用這樣的排列方式，關鍵在於想傳遞的訊息裡給了我們線索。訊息說的是「井水一整年下來……夏天比氣溫冷，冬天比氣溫熱」，而夏天、冬天等文字，正好對應到「四季」的概念，就抓住了必須把月份順序改成四季順序的線索。因此，改成以4月為首，依春夏秋冬的順序，把之前冬天1月與12月之間被切斷的溫度互相連結，於是，夏天與冬天的氣溫跟井水溫度相差10度以上這件事，就能從圖表中看得一清二楚了。

改變資料的排列順序，就屬於「改變視角」技法。利用EXCEL等試算表軟體製作簡報時，軟體只會單純將數據由小到大、或由大到小排列，此時若不根據商業活動或分析對象來改變資料的排列方式——也就是改變一下視角——什麼重點也抓不到了。進行銷售分析時，如果不和顧客行為與生活型態一起搭配來看，不試著改變視角，就無法完整傳遞出重點。

改變視角的作法，除了改變排列順序之外，也可以把多個項目彙整成一個容易理解的範圍。這個例子中，如果把4～6月、7～9月、10～12月、1～3月改以春、夏、秋、冬的方式呈現，會得到最激烈的溫差結果，反而看不出漸進的變化，所以這裡選擇以不彙整的方式呈現。為了讓特徵清楚可辨，請試著改變視角，例如變動資料的排列順序，或改變資料的彙整方式。

Before 冬天的溫度差分割成兩段

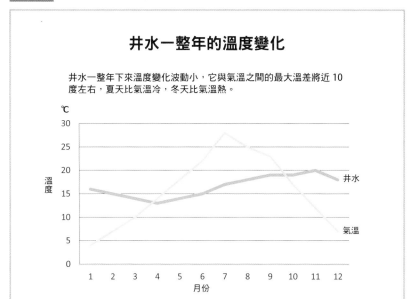

After 改變排列順序後，聚焦在溫差最明顯的地方

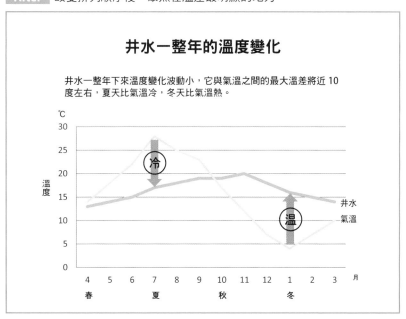

14 試著組合變化和數量

◥ 變更圖表類型

　　本案例中，舉出了日本最嚴重的「少子高齡化」問題。從Before的圖表中，乍看之下到處都是有待改善的地方，折線上四方形或圓形的標點，以及圖表下方提供讓人了解大略數值的表格，都是一種視覺干擾必須消除。另一方面，如果要從傳遞訊息的視角來思考改善點，訊息重點就該聚焦在老年人口與生產年齡人口的相關性上，刪除少年人口的資料。

　　雖說消除了干擾，圖表裡也只剩下代表老年人口與生產年齡人口的2條折線，但由於這2條線還是無法傳達出重點，再來試著變更圖表類型吧。在After的圖表中，就選擇以堆疊面積圖的方式表現。所謂堆疊面積圖，相較於只能表現變化的折線圖，是一種能以折線表現變化、以面積表現數量、還能以堆疊表現每一段縱軸的比率，同時傳達3種訊息的強大圖表。在生產年齡人口的上方，將老年人口堆疊上去，透過視覺手法，呈現老年人口是生產年齡人口的負擔。這種手法同時也符合聚焦技巧中的「改變視角」。把原本用來比較變化的數據透過堆疊的方式，使得數量上的比例變化清楚可見。

　　而為了更加強化傳達重點，可以將透過資料讀取到的重要資訊「1950年25人負擔1名高齡者、2050年1.5人負擔1名高齡者」，以文字的方式表現出來。如果想藉由圖表以外的方式表達，也可以用插圖，先畫出生產年齡者，再把高齡者畫在上面。總之只要先消除干擾，你就會在資料中找到更有效的聚焦作法。

Before 表格與標示點等等……干擾很多

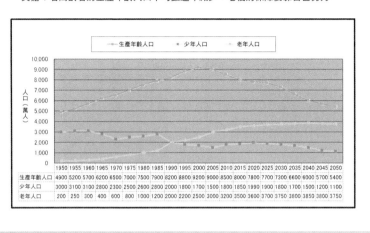

After 刪除少年人口，以「堆疊」的方式表現兩者關係

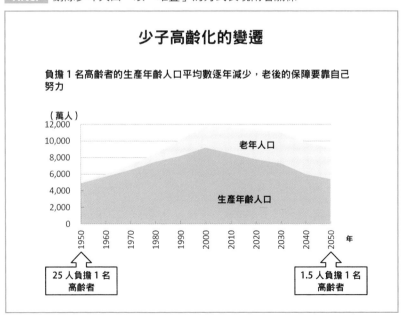

15 內容＝圓餅圖？

◥ 圓餅圖必須小心處理

　　「說到圖表，就想到圓餅圖」這句話就某種意義來說，強調了圓餅圖的重要性。然而，部分企管顧問公司或研究調查機構，卻明文規定「禁止使用圓餅圖」，可見它帶有風險。禁止使用的理由在於很難掌握圓餅圖裡每一塊扇形面積的正確大小與角度。當比較項目少，每一塊所佔的面積都偏大，呈現上不會有問題；但比較項目一多，就不適合使用了。像是製作問卷調查統計報告時，經常很習慣使用圓餅圖來表現回答問題數量的比例，但請大家務必記得：不要輕易用圓餅圖。

　　同時，圓餅圖的數據固定會由多至少排列。但像是績效考核的5種指標評分都有其代表意義，如果隨便更動順序，反而會讓人摸不著頭緒。我們來看Before的圖表，即使依照考績評分A到E的順序排列，也很難看出優秀或劣等的名次排列、彼此的關聯性與實施對策。

　　在After的圖表中，使用的是100%堆疊直條圖。堆疊直條圖基本上不用改變資料原本的排列順序，而是從視覺上透過直條的長度，正確表現每一個區塊的大小。Before和After的實例中，由於要表現績效考核的5種指標評分，排列順序就無法隨意更動；若改採用100%堆疊直條圖的話，不僅可以用「2：6：2」的方式對照（表現優異者佔2成、普通人佔6成、表現不佳者佔2成），也容易表現對策與數據之間的關聯性。

　　使用圓餅圖時，請先確認以下條件是否成立：①資料的項目不多。②資料的排列順序不具意義。此外，我們在下一章節的實例中也會看到，圓餅圖其實難以互相比較，因此我建議大家可以將其作為某個時間點的一頁快照圖（暫時性影像）就好。

Before 看不出項目的排列與實施對策之間的關係

考核結果與實施對策

取得考績 A 或 B，表現優異者僅佔 15%。
把員工依考績分成以下類別，每一類別適用不同的對策。

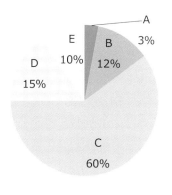

A
E
B 3%
D 12%
10%
15%

C
60%

■ 取得考績 A、B 者
· 適用「繼續保持」對策
· 選出獎勵者

■ 取得考績 C 者
· 適用「能力提升」對策
　①強化業務力
　②強化溝通力
　③強化專業性
　④改變專業

■ 取得考績 D、E 者
· 適用「業績提升指導」對策
· 選出適用「裁員計劃」者

After 改用「堆疊直條圖」排列，讓意義一目了然

員工 5 種等級的考核比例

取得考績 A 或 B，表現優異者僅佔 15%。
把員工依考績分成以下類別，每一類別適用不同的對策。

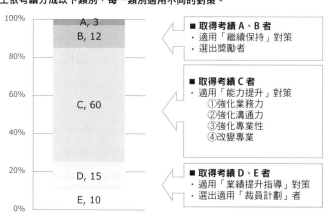

100%
A, 3
B, 12
80%

60%
C, 60
40%

20%
D, 15
E, 10
0%

■ **取得考績 A、B 者**
· 適用「繼續保持」對策
· 選出獎勵者

■ **取得考績 C 者**
· 適用「能力提升」對策
　①強化業務力
　②強化溝通力
　③強化專業性
　④改變專業

■ **取得考績 D、E 者**
· 適用「業績提升指導」對策
· 選出適用「裁員計劃」者

16 別再把圓餅圖並排放

◤ 要比較內容，使用堆疊直條圖

　　這一章節一樣要提醒大家小心使用圓餅圖。在Before的例子中，雖然這不是企管顧問人士製作的資料，但大家乍看這張圖時，或許會不自覺地脫口詢問：「這是宅急便的配送時間指定圖嗎？」由此可見，在大家心中對於「內容＝圓餅圖」的認知已根深蒂固。

　　如果把圓餅圖當成是某個時間點的一頁快照圖（暫時性影像）就沒有問題，但像這個例子是以時間作為比較重點，就不適合使用圓餅圖了。因為A事業的佔比，很難用角度或扇形面積來比較，更不用說Before的圖還使用了3D圖，更容易有變形的問題。除此之外更加上了箭頭，想表現圓餅圖的變化過程，但這其實是多餘的符號，也是必須刪除的干擾因子。

　　我們接著來看看After的圖有哪些地方變得不一樣了？第一點，用100%堆疊直條圖取代圓餅圖。第二點，刪除中間段無法顯現差異的年份。第三點，利用輔助線，強調A事業變化後的結果。只要輕輕拉一條線，就能代替這些多餘的箭頭符號。

　　說到「內容」或「比例」時，你可能馬上就想到「圓餅圖」，但請再好好想清楚你想透過圖表傳達什麼訊息。這裡所舉的圖例中，想傳達的不是內容本身，而是被稱為內容的「數量」與「變化」。若要表現數量，直條圖能正確無誤地達到目的，而且依時間先後排列，還能表現出變化。請好好正視你想傳遞的訊息，自然就能找出什麼圖表才是最適合的。不要以一開始閃過大腦的想法來決定，而是釐清你想表現的重點後，再決定圖表的類型。

Before 圓餅圖，尤其是 3D 圓餅圖，不容易比較

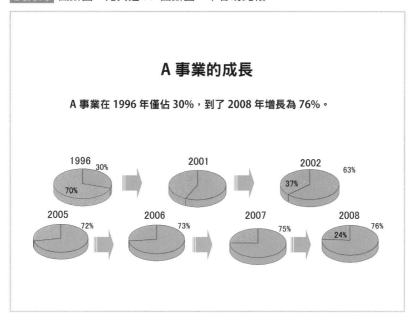

After 改變圖表類型，並把中間段的年份刪除

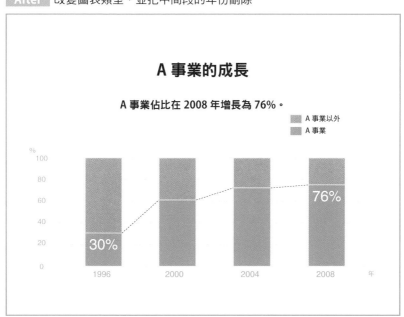

17 項目太多時，請統整在「其他」之下

◤ 快閃的投影片＝在某個時間點呈現的暫時性影像

前面我們提到最好把圓餅圖當成是一頁快照圖，在某個時間點留下暫時性影像。也因為只需大致印象，就不適合以太複雜的數據或太多的項目來呈現。從Before的例子中，圓餅圖裡被塞進將近20個項目，佔比少的項目，不僅扇形面積小、文字也小，很難做出正確比較。而且項目一多，使用的顏色就會變多，圓餅圖變得就像馬戲團小丑腳下踩的七彩繽紛的球，讓人很難再把眼光放在該注意的重點上。

而在After的例子中，為了讓圓餅圖看起來更簡潔，把佔比小的項目全都彙整在「其他」之下，並另外畫出一條堆疊橫條圖。這麼一來，主要圓餅圖的項目不僅減少了，還利用漸層色讓圖表顯得更簡潔單純。但是，若想知道「其他」的內容時，我們可以將它做成像附帶說明圖的方式畫成堆疊橫條圖，藉由不使用顏色，達到不妨礙視線的目地。

減少項目後，製作時最好記住以下四點：

①項目依佔比大小依序排列

②順時針配置

③使用漸層色

④針對想強調的區塊塗色，其他區塊統一用灰色

請大家記住，若想做出簡潔的圖表，那麼數據就要簡潔，呈現手法也要單純。

Before 項目的數量過多

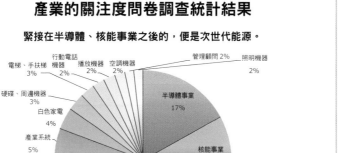

After 把細小項目統整在「其他」之下，整體與細節看得更清楚

18 彰顯排名的意義

◥ 顯示前面排名、倒數排名的特徵

　　橫條圖基本上是用來顯示排名的圖表，因此項目的排列順序會根據排名而改變，這是它與直條圖最大的不同之處。直條圖通常都用來比較數量，原則上會隨著時間變化或特定的項目順序來排列。舉例來說，如果要表示各分店的營業額時，利用直條圖時，必須根據分店名或地域名稱來排列；利用橫條圖時，就根據營業額的高低來排名。

　　這裡所舉的例子，是某個日本求職徵才網站針對用戶進行「覺得網站中哪些資訊不夠清楚？」的問卷調查後的結果，所以，首先我們要依回答比例由多到少排列。像這樣單純把資料的排序改成有意義的排序，屬於「改變視角」的技巧之一。不要只是照原始項目排列，而要讓趨勢更加鮮明，哪個排名第一？哪個墊底？都能一目了然。

　　然後，再從回答比例中開始出現極大差距的地方徹底劃分出組別，以此明示出排名位居前列還是後列。如此一來，既能清楚列出企業的徵才條件，也能改善求職者無法從中獲取情報的問題。當你亮出排名圖時，若無法顯示訊息內含的趨勢，只用「這就是結論」的態度要讀者自行解讀，那麼這項資料將會給人造成極大的壓力。請記得圖表不是做完就好，要有意識地把應該讓人解讀的重點、以及下一步應該進行的對策，一併於簡報中給予建議或暗示。提出的圖表中，若沒有給予某項建議或暗示，也會讓圖表完全沒有任何意義。只是用一大堆無意義的圖表把簡報塞滿，看起來很有份量，實際上卻毫無價值。相對地，更耗費了自己和讀者的時間，完全得到了負面的評價。因此請大家不要只是做出排名，還要一併提示前幾名、後幾名所呈現的趨勢。

Before 依照原本的項目順序排列，看不出所以然

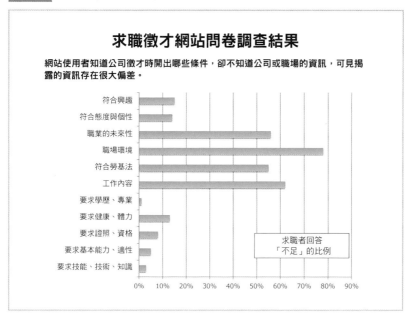

After 改由回答數最多排至最少，位居前列的特色浮現

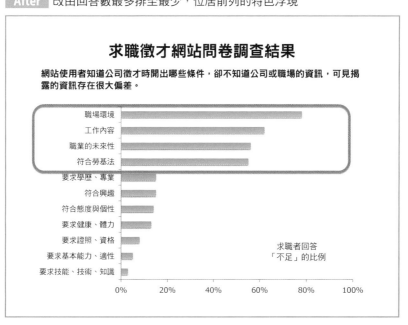

19 偶爾用直條圖表現排名

◥ 負數多的情況，改用直條圖

　　表示排名就用橫條圖，這就像一種基本定律。而其中若含有負數資料，就會像Before的圖，負數會從基準線開始向左延伸。值得注意的是，當負數資料不多時，用這樣的方式呈現不太會有問題；但當負數資料一多，讀者會搞不清楚向左延伸是好的狀態還是向右延伸才是好的。

　　一旦出現負數資料很多的情況，請運用改變視角技巧，將橫條圖轉個角度變成直條圖吧！變成垂直方向後，負數會向下延伸，這種視覺呈現方式讓讀者一看就知道惡化的程度是輕微還是嚴重。我曾用直條圖來製作各事業部目標達成狀況排名的簡報，報告過後，未達目標的事業部主管就苦笑地對我說：「把我們事業部掛在基準線以下，就像是大家的負擔一樣，感覺真的好差喔。」

　　而與這個相反的例子是人口分布圖。相信很多人都看過表示男女年齡別的人口分布橫條圖吧！如果按照基本規則製作圖表的話，就會以直條圖的方式依年齡逐一標出人口數並進行比較；但沒想到改以橫條圖後，讓男女人口從中央直線向左右兩邊展開，不僅能比較男女人口狀態，也能更有效地表現人口衰退情況。請大家務必記得像這樣運用改變視角的技巧，去改變直條圖的橫向與縱向，就能讓表現範圍變得更加寬廣。

　　圖表是將數值以圖形的方式排列，並利用視覺呈現重點的一種表現。遵守基本定律製作圖表，雖然會讓讀者容易理解，但我們偶爾也該想想，是不是還有什麼方法能做出令人印象更深刻的圖表。

Before 向左延伸並不會讓人聯想到「很差」

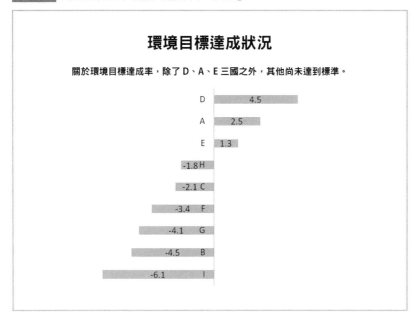

After 柱狀改成向下延伸，強化「很差」的印象

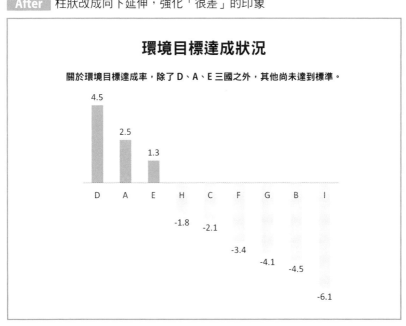

20 從橫軸與縱軸發現相關性

◥ 將變化因子設為散佈圖的橫軸

　　想表示數據的分布與相關性，可使用散佈圖。此圖表可利用橫軸與縱軸的數值，顯示出數據的分布位置。若單純表現分布狀況時，就不用太在意橫軸及縱軸的設定。但是，若想要顯示其相關性，就必須注意該把什麼項目放在哪一軸，否則就會做出讓人看不懂的圖表。

　　所謂相關性，不外乎是指「Ｂ會依據Ａ而變化」，或「當Ａ一改變，Ｂ也隨之變化」等模式。基本上，要將會變化的項目，設為橫軸。例如在長條圖與折線圖中，我們往往會把時間設成橫軸。所以，繪製散佈圖時，請將會變化的Ａ設為橫軸；再將會隨著Ａ而變化的Ｂ，設為縱軸。

　　首先來看Before的散佈圖，可以知道橫軸是銷售額，縱軸是業務員人數。但其實圖表想傳達的，卻是業務員人數的增減是否會使銷售額產生變化。此刻應該將會造成變化的業務員人數設為橫軸才對。其他像「銷售額與利潤」、「氣溫與銷售額」等，也都是相當典型的例子。若想知道「銷售額增加，利潤會不會跟著增加？」時，就把銷售額設為橫軸；但如果想知道「氣溫變化，會不會影響銷售額？」時，就要把氣溫設為橫軸。

　　而且，Before的散佈圖，其橫軸與縱軸的刻度間距也不一樣。當刻度間距不同時，也會讓原本有相關性的兩軸，由於點與點之間距離太遠，反而看不出其中的關聯，進而變成毫無相關性了。

　　想要表現出「Ａ變化後，Ｂ也跟著變化」的相關性時，請將Ａ設為橫軸，並且，記得把兩軸的刻度間距設為等距，這麼一來，就不會畫出讓人一頭霧水的散佈圖了！

Before 銷售額增加，業務員人數會跟著增加？

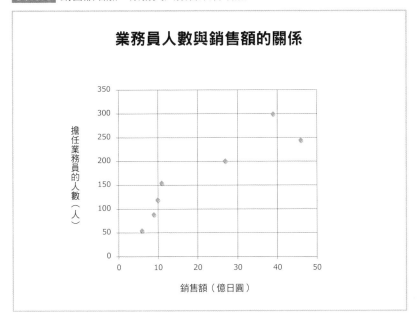

業務員人數與銷售額的關係

After 改變兩軸設定。「業務員人數增加，銷售額就會增加」

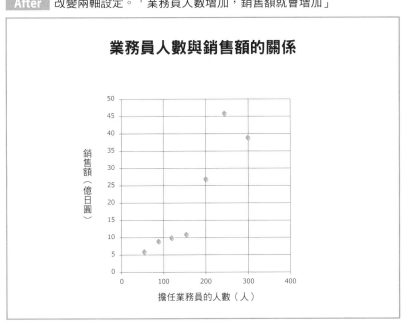

業務員人數與銷售額的關係

21 用圖表表現綜合能力

◥ 用雷達圖顯示目前狀態與目標間的差距

　　這個例子是要透過14個項目來比較兩者的能力。在Before中使用的是組合型直條圖，雖然能針對各個項目進行比較，但整體而言，看不出A、B兩者的能力孰優孰劣。當比較的項目變少，利用組合型直條圖或許可以表現出兩者的特徵，但遇到像這樣比較項目非常多，就會發現兩者的特徵很難準確抓住。因此，我們在After中改用名為雷達圖的圖表進行改善。

　　雷達圖因其外觀，又被稱為蜘蛛網圖或星狀圖，圖中，每一條以中心為起點向外放射的線，代表一個項目，並以適度的間距加上刻度。雷達圖可以一舉比較好幾個項目，相當適合用來做性能比較、讓人能一眼看清楚強弱的圖表。此外，大部分的人都認為圓形是用來表示一種完整狀態的圖形，一旦出現缺陷，就會讓人忍不住想要把缺陷填滿，讓它變回圓形。換句話說，透過雷達圖表現性能或能力的評價結果時，會出現「看到不足的地方，想改善其不足」的效果。

　　至於其他用法上，雷達圖也很適合在提案中用於比較自家商品與競爭對手商品。由於雷達圖的項目與標準的決定在某種意義上比較隨意，所以適合用來強化自家商品的優勢。而當公司在推行某些新政策時，我在月報上都會用雷達圖來表現各部門達成新政策的狀態，與前一年度相比，推行速度明顯加快。這種圖表雖不強調資料細節，卻能夠成為強而有力的根據。

　　如果比較的對象達三種以上，容易因重疊而看不清楚，這時建議可各做一份雷達圖，彼此並排，再進行比較會更清楚。

Before 看不出 A 與 B 的特色

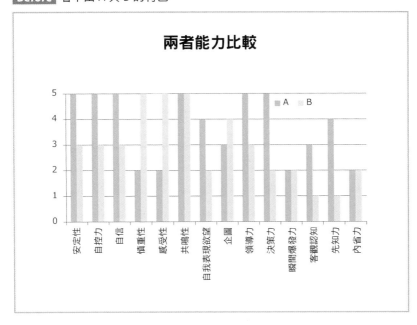

After 用形狀來表現 A 與 B 的「強項」與「弱項」

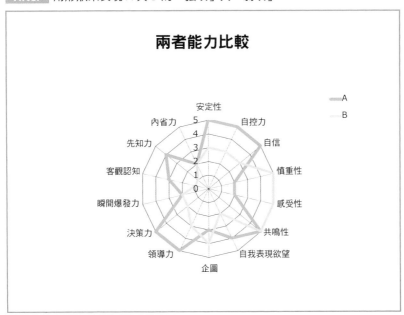

是否容易閱讀，感覺就像「媽媽的味道」？

　　是否容易閱讀的判斷標準並非絕對，這與它的表現方式是不是你所熟悉的有關。某個企管顧問公司在進行整合時，也進行了幻燈片格式的標準化。針對提案書的目的、方法、時間表、組織結構圖、效果等各式各樣的幻燈片進行格式統一，詢問大家哪種格式最好，不管是誰都主張原本的格式「最容易閱讀」，然後陷入激烈的爭辯之中。其實客觀來說，原格式也有表達不清的地方，但即便對於企管顧問專家而言，看慣了、使用慣了的東西，才是最好。這效果不正與「媽媽的味道」不謀而合了嗎？

　　最近常聽到「為什麼外商顧問公司的資料比較清楚？日商公司的資料卻比較差？」的意見，但我認為日商公司的製作方法並沒有不對。而外商顧問公司的資料，能夠在不要求具備共通的知識與詞彙的低語境（Low-context）社會中也通用，靠得是它的邏輯表達力非常清楚的優勢。而日商公司的資料，其表現手法不管在企業或組織、業務或業界方面，都需要以共通的知識與詞彙為前提，屬於高語境（High-context）社會導向的資料。換句話說，這種資料就是看得懂的人自然會明白。

　　「容易閱讀、容易理解」的感覺非常主觀，會大受是否有共通語言與詞彙影響，所以沒有絕對容易理解的格式與絕對容易理解的技巧，只有順應對方模式，不斷進行測試與改善。

　　不過，版面設計等視覺效果，是眼睛看到時瞬間所產生的感覺，它能有技巧地不受共通語言與詞彙影響，希望大家也都能精通此道！

Chapter

3

【概念圖】

不靠文字，靠圖說話

01 什麼是概念圖？

◤ 不只是畫圖，還要顯現與表現要素之間的關係

　　首先讓我們對於什麼是概念圖，建立一個共同的認識吧！請看以下的例子。

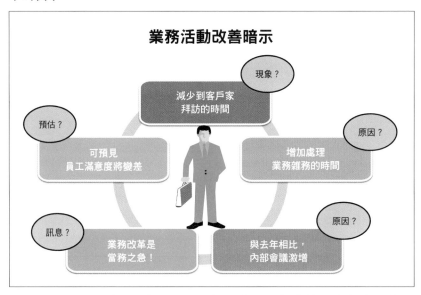

　　上圖中，問題、現象、原因、解決方法與訊息等雜亂無章地排列著，好像想到什麼詞彙就放進圖形裡，根本稱不上是概念圖。

　　那麼，概念圖究竟是什麼？其實就是「把表現要素化為圖形，用以說明關係」的工具。首先，「表現要素」不是靈光乍現的詞彙，而是考量每個階段與性質後，擷取而出的結果。此外，像是圓形、四方形等內含表現要素文字的「圖形」，也不是依照自我喜好選擇，而是充分理解圖形所代表的意義後再選用。要呈現出「關聯性」，就必須透過圖形的配置與串連等方式表達。所以說概念圖，與其說是靠感

覺製作，更應該說是靠理論完成的。常常有人會推說「我沒有繪畫細胞，不擅長畫畫」，但製作概念圖不需要繪畫細胞，也不需要藝術天份，只需要會理論思考。如果你畫不出概念圖，就代表你的理論思考與資訊整理方面不及格。

◥ 製作圖示的 4 個步驟

接下來讓我重新介紹製作概念圖的步驟吧！

Step 1 系統化

首先，把想要表現的資料與訊息統整出一套系統。如果是文字訊息，可以利用樹狀結構，把主要訊息、次要訊息、訊息根據整理出來；如果是數字資料，則可透過表格進行整理。如果這一步驟沒處理好，之後的步驟就算再怎麼努力，也是徒勞無功，所以請確實做好整理的工作。

製作概念圖的步驟

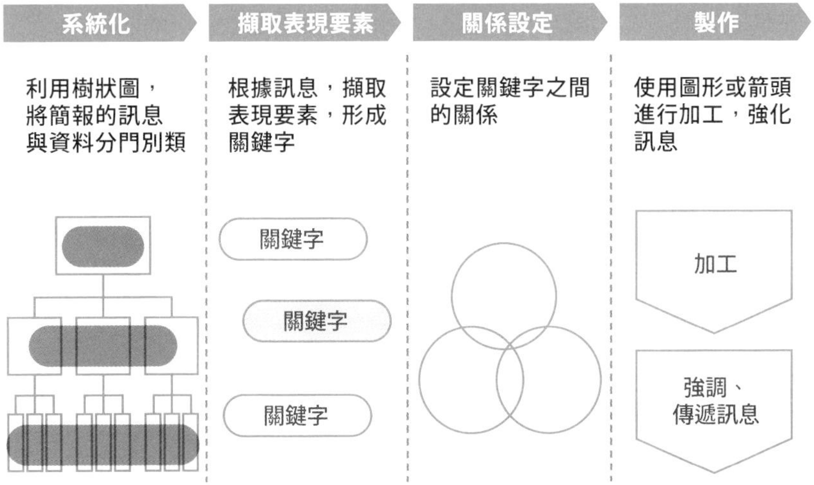
系統化
擷取表現要素
關係設定
製作
利用樹狀圖，將簡報的訊息與資料分門別類
根據訊息，擷取表現要素，形成關鍵字
設定關鍵字之間的關係
使用圖形或箭頭進行加工，強化訊息
關鍵字
關鍵字
關鍵字
加工
強調、傳遞訊息

Step 2 擷取表現要素

接著，從整理好的訊息與資料中，選出想透過概念圖表現的關鍵字。表現要素不會是一段文字，而是條列式的詞彙或單字，試著找出這種關鍵字吧！

Step 3 關係設定

思考該利用怎樣的圖形、透過怎樣的排列，呈現擷取來的表現要素之間的關聯性。所以必須知道圖形的代表意義以及關係的類型。

當你面臨該選哪個圖形的問題時，不是隨便選一個圖來用，而是根據下面所列的代表意義，選出最符合表現要素的圖形。舉例來說，如果想表現組織概念，就用四角形；想表現社群概念，就用橢圓形。因為組織是由成員與成員所扮演的角色所構成，是非常具體的概念；而社群則屬於非常鬆散的集合，相較於組織，是具體性較低的概念。同樣地，箭頭與線也各代表不同意義，請大家參考下表。

圖形的代表意義

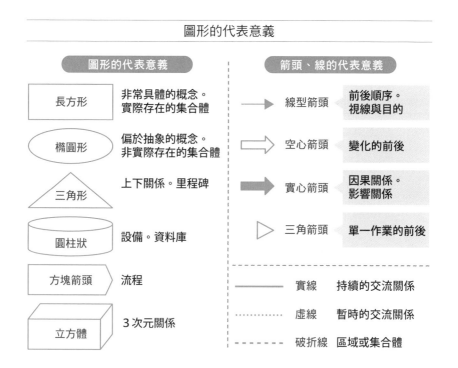

然後透過圖形的配置，去表現要素之間的關聯性。這時，如果已經得知關聯性屬於哪種類型，就能毫不遲疑地完成這項任務了。大致分成三大類：相關關係、流程關係，以及構造關係。

靠著不斷組合表現要素與關聯性來累積經驗，就能大幅提升自己製圖技巧的品質與速度。後面將針對不同的關係類型，將以Before和After的方式替大家一一說明。

Step 4　製作

要製作概念圖來強化訊息時，首先必須注意不要讓干擾存在，不過度依賴色彩、使用多餘圖形。請將重點放在強化聚焦的工作。

平常沒怎麼多想就把概念圖畫出來的人，請小心檢視你所擷取的要素是否符合每一階段的主題？在關係設定方面，是否選擇了與其相符的關聯性？

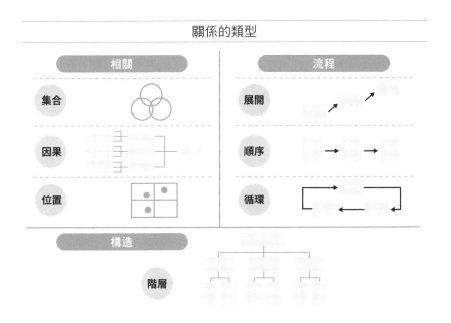

關係的類型

02 表現不易區別的概念　集合

◤ 把文字化為圖形

　　讓我們先把目光放在Before和After的例子上，看看如何把文字化為圖形吧！Before的圖中充滿了關於CSR（corporate social responsibility，企業社會責任）的說明文字。我們順著前面所提的步驟，先有系統地整理文字資料，再擷取出表現要素。從字面上，我們大致找出「內部控管」與「朝社會可能持續發展的方向邁進」這兩大概念，其中各包含了環境問題與法規限制等面向。而相較於這兩大概念，CSR就像是企業活動的「根基」，整理資料的同時將它擷取為表現要素。因此在After的圖中，把兩大概念以包含關係呈現，並在下方畫一個扁型的圓柱體來表現CSR，象徵「根基」。

　　像這一類集合關係的呈現手法，適合把不容易以非黑即白方式區分的概念單純呈現。將圓形並列排放，呈現並列關係；將大小不同的圓形畫成同心圓，呈現包含關係；將每個圓形的一部分重疊，呈現重疊關係。不同的組成方式，能表現不同的關係，這個技巧還請牢記。

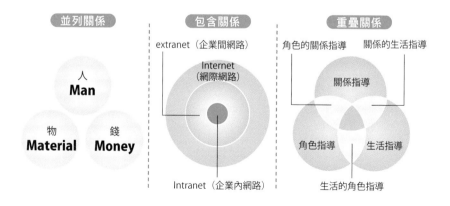

Before 理解這一長串文字，很花時間

什麼是 CSR ？

所謂 CSR 活動，就是對利害關係人具備說明責任，使公司的
財務與經營狀況更趨透明等等，透過適當的企業管理與法令
遵循，徹底執行「風險管理」與「內部控管」活動，以及當
作對企業未來投資的一環，只為了讓社會可持續發展，並自
發性地參與和解決環境、勞工等問題。CSR 具有以上兩個層
面。

CSR 活動是企業經營的根基，由企業自發性永續執行，而且，
透過 CSR 活動，企業與社會將可持續共築未來。

After 利用「並列」與「包含」的集合關係

03 讓重疊部分具有意義！
重複（疊）關係

◤ 重疊部分包含重要訊息

　　表現集合關係時，不只有把圓形並排在一起的方式，也可以試著讓圓形的一部分互相重疊，藉此表現更複雜的訊息。也就是說，當你要表現的不是單一個別要素的特性，而是這些要素結合後會產生什麼東西時，就必須運用這種更能表現深層意義的技巧。這裡所使用的文氏圖（Venn diagram），就是用來表現複雜的集合關係。

　　Before的例子中，要素排在一起，不容易看出重點在哪；After的例子，則是讓讀者透過顧客與公司互相重疊的部分，聚焦在未與競爭者重疊的地方，立即知道價值主張的本質在哪。文氏圖的特徵在於，不把重點放在個別要素上，而是把重點放在要素與要素重疊的部分。

　　說到文氏圖的應用方式，可以藉由重疊部分的大小，來表現狀態的改變。舉例來說，當你想擴大加強「Can（會做）」、「Will（想做）」、「Must（必須做）」三者重疊後的訊息重點，就會得到一個結論：必須讓工作變得更充實。

文氏圖

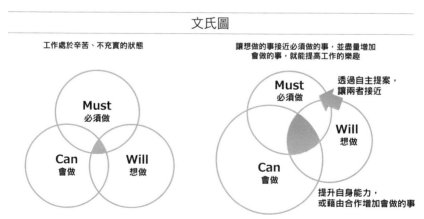

看不出重點在哪

什麼是價值主張（Value Proposition）？

所謂價值主張，就是針對顧客的期望（需求），
明確列出競爭者無法滿足、自家公司能夠滿足的部分。

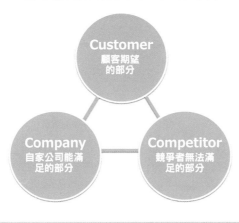

以「重疊」、「顏色」來表現重點在哪

什麼是價值主張（Value Proposition）？

所謂價值主張，就是針對顧客的期望（需求），
明確列出競爭者無法滿足、而自家公司能夠滿足的部分。

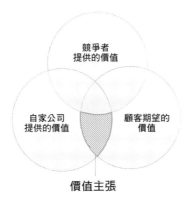

04 讓理由清楚可見
因果關係

◤ 樹狀圖將告訴你「為什麼」

　　能好好解答讀者「疑問」的資料，才稱得上是清楚明瞭的資料。大家是不是對於資料中無緣無故寫著「請務必○○做」時，會不禁納悶：「為什麼我非這麼做不可呢？」這裡所舉的例子，是針對十幾場的研討會，規劃哪個員工應該要參加哪一場的圖表。如果站在員工的立場設想，總會覺得為什麼自己非得在這麼忙的情況下參加這麼多場會議。當員工不理解會議的必要性，很可能會選擇不配合。

　　首先來看Before的圖吧！圖中只把每一場的主題與該參加的員工列出，看了這張圖，並不能解答員工心中「為什麼我非參加不可？」的疑惑。而After的圖中，使用了能表現因果關係的樹狀圖，來彰顯不同研討主題之間的關聯性。以全體公司同仁亟欲解決的課題：「如何提高女性的回購率？」為起點，在行銷４Ｐ（Price價格、Promotion促銷、Product產品、Place通路）的框架下，整理出檢討事項，再對照每場研討主題該檢討之事項，讓研討會的安排脈絡變得清楚明瞭。

　　所謂「因果」，就是原因與結果，以及原因與結果之間的關係。商業上，如果你想說服別人採取行動，卻不告知清楚的因果關係，當然很難讓人買單。若想把亟欲解決的問題或課題，以及想請別人幫忙的事項之間的關係說明清楚，就能利用邏輯思考工具的樹狀圖來輔助。樹狀圖是由箭頭連著多個四方形、像樹木的樹枝不斷延伸的圖表，適合用來整理資料與思緒，是一種能有效挖掘深處訊息的圖解法，希望大家都能熟悉它的運用。

Before　看不出為什麼參加的「理由」

工作研討計畫

	行銷企劃部					財務・管理部			客服部
	山田部長	佐藤課長	鈴木組長	藤井專員	川田專員	大田部長	齋藤課長	山本專員	大和部長
第 1 場 費用相關①	○		◎			△			
第 2 場 費用相關②		○		◎		△			
第 3 場 廣告相關①							◎	○	
第 4 場 廣告相關②							◎	○	
第 5 場 促銷相關①							○	◎	
第 6 場 促銷相關②							○	◎	
第 7 場 服務水準相關①接待									◎
第 8 場 服務水準相關②客訴									◎
第 9 場 機器設備					◎	◎			
第 10 場 差異化因素						◎			○
第 11 場 實體通路				◎					
第 12 場 網路通路				◎					
第 13 場 與其他商店合作		◎							
第 14 場 競爭者相關		◎							

After　透過樹狀圖，讓參加的「因果關係」無所遁形

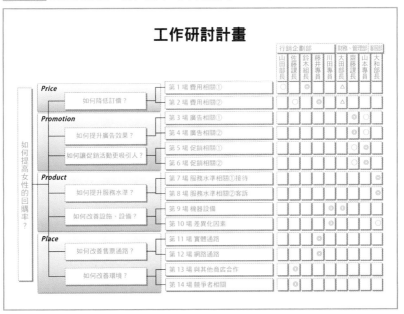

05 用矩陣得到最終答案
位置關係

◤ 表明立場，不用說服，自然讓對方心服口服

　　想讓大家一致表決通過，不是去說服每一位成員，而是讓每一位成員打心底認同。所謂矩陣，就是設定好兩軸，再把每個項目設定好位置，讓項目的特徵清楚可見，是一種容易獲得讀者認同的手法。

　　在Before的例子中，雖然把施行策略羅列成表，但還是看不出每一項策略具有哪些特徵。在After的例子中，則使用了稱為得失矩陣（payoff matrix）的圖表，將矩陣的縱軸設定為難易度（耗費時間、金錢、人力等程度），橫軸則是效果。比起施行策略一覽表或是單就效果製成的表格，透過矩陣，更能全面性地抓住策略的特徵。

　　前面提到的樹狀圖，能讓原因與結果顯而易見；而這裡所提的矩陣圖，則能讓位置＝定位清楚明白。一旦定位明確，判斷就很容易，所以這種圖又被歸類為能有效輔助決策的圖。說到矩陣圖，除了赫赫有名的得失矩陣圖之外，還有用來釐清事業定位、判斷該繼續投資還是放棄的BCG矩陣圖。藉由接觸各式各樣的矩陣圖，理解每種矩陣的兩軸如何設定後，你也能製作出屬於自己的矩陣圖了！

BCG 矩陣圖

	明日之星 Star	問題兒童 Question Mark
市場成長率　高	成長可期	競爭激烈
市場成長率　低	搖錢金牛 Cash Cow	喪家之犬 Dog
	成熟、利潤穩定	停滯、衰退
	高	低

相對市場佔有率

Before 只單純列出對策，看不出「因果關係」

選出重要的改變策略

		效果	難易度	優先順序
策略 A	導入 ERP	大	高	改變重要對策
策略 B	改變機器配置	大	高	改變重要對策
策略 C	廠商庫存明確化	中	中	快速致勝
策略 D	建構新產品線	大	高	改變重要對策
策略 E	導入管理指標	小	高	不實施
策略 F	改變貨架配置	小	低	最後順位
策略 G	改變單據格式	小	低	最後順位

After 分成四個象限，讓「先後順序」清楚可見

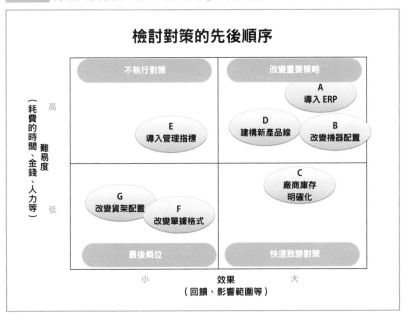

06 想像光明的未來吧！
展開關係

◤ 向右攀升的圖，會聯想到「成長」

向右攀升的直條圖，給人充滿成長動能，如果概念圖以同樣的方式配置項目，也能產生同樣的效果。

Before的圖中，主要根據時間前後，將要素從上往下排列。不習慣製作概念圖的人，很容易依寫文章或製作表格的順序，把內容從上往下排。但閱讀時，視線很自然地從上往下看，如果你想表現的是順序、行程這一類的時間概念，依序由上往下排的作法是OK的。

而這裡所舉的例子，因為要表現「如何發展價值鏈」這個主題，在After的圖中把要素以向右上攀升的方式配置。此外，還把縱軸設為商業利益、橫軸設為整合程度，如此一來就是一張與位置關係的合成圖了。而且還放入整合好的圖示，讓讀者更容易透過視覺，一眼就看出第1階段與第4階段的差異。

這類概念圖除了適合用於事業拓展、政策導入的簡報，也常見於研修課程的計畫。

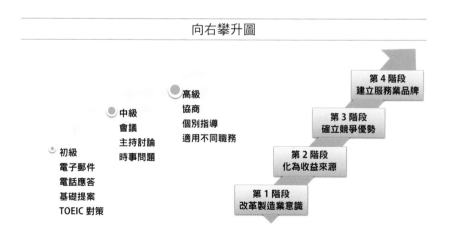

向右攀升圖

Before 往下推展，感覺不到成長

After 將縱軸、橫軸設為成長軸。階段整合狀況一目了然

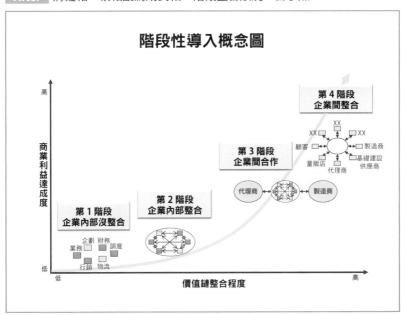

07 呈現整體流程
順序關係：步驟

◥ 用方塊箭頭呈現「順序」意象

　　我看過各式各樣的企劃書與提案書，常常在翻到執行方式那一頁時，總會突然冒出一份詳細的時間執行表，讓人覺得很唐突。右頁的Before例子中，雖然把每項任務與時間依序排出，但整體到底該怎麼進行卻完全抓不到方向，而且每項任務的前後關係更是讓人摸不著頭緒。因此當開始說明時間表之前，如果相關人士不了解整體專案將怎麼進行，一旦專案真正開始進行後，勢必會出現不少問題。

　　接著再來看看After的圖，除了以方塊箭頭表示步驟的大方向，為了能看出每個任務的代表意義，把每個任務歸納在四大步驟之下，讓任務的前後關係有脈絡可循。看了圖馬上就知道A與B步驟裡的任務，都是為了開展C步驟而做的準備，這不僅讓工作能夠順利進行，也讓相關人士理解安排時間表與截止日的必要性。

　　像這種表現階段與任務的圖，又稱為流程圖，是用來呈現專案進行方式的典型格式。在企管顧問專案計畫提案書中，寫在專案目的、解決課題內容之後的，就是執行流程、時間表與組織架構圖。只要把執行流程的大方向畫出來，之後的頁面再詳細列出每個任務的負責人與時間表即可。擅於製作此種簡報的專家的資料裡，充滿著集前人智慧於一身、非常具有參考價值的格式，所以我建議大家多看多吸收，盡可能收集派得上用場的格式，再擬定一套自己的專屬格式，不要只是單純的模仿，要懂得去反思為什麼兩軸這樣設定、任務這樣配置，才能真正吸收為自己的知識。

Before 看不出整體流程與任務之間的關聯

專案的進行方式

任務	期間	任務	期間
設定目的、目標	2/15-2/28	定義待辦事項細節	4/1-5/31
分析現況流程	3/1-3/9	設計基本要件	4/1-5/31
集體研討	3/1-3/9	監控設計	5/1-5/31
定義待辦事項流程	3/10-3/13	系統開發	6/1-8/24
提出解決方案	3/10-3/14	擬定執行計畫	8/25-8/31
定義 KPI	3/15-3/31	改革測試	9/1-10/31
		先行測試	11/1-11/30
		監控開始	11/20-11/30
		KPI 測量、分析、再設計	12/1-1/31

After 用「方塊箭頭」和「方塊」說明任務的流程

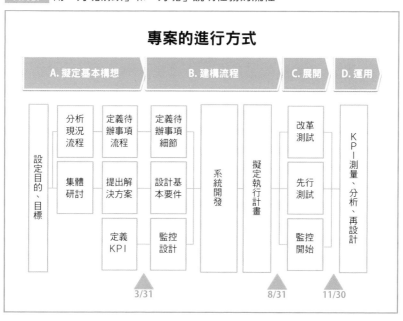

08 表現出誰做了什麼
順序關係：流程

◤ 分別呈現工作和人兩個面向

　　前面介紹了如何表現流程概要的方法，這裡緊接著介紹如何呈現每份工作的執行細節與步驟。這裡的例子是以申請預算程序為例，在Before圖中，用方塊箭頭表示主要步驟，讓讀者清楚整體流程。那麼，你覺得還有什麼地方需要改善？

　　其實需要改善的是步驟下的一長串文章。文章裡總混雜著主詞、動詞、受詞等好幾種要素，而概念圖的基本定義，就是「一個圖形只放一種要素」。我們來看一下Before例子中的文章，像是員工、CFO財務長、部門主管等字眼重複出現好多次，或許你注意到可以用因式分解技巧來重新整頓。

　　看到After的圖，試著把解析出的人物「因子」列在左軸，方塊裡只放產生動作的文字，利用箭頭線將每個動作依序連結，讓順序變得一目了然。這種概念圖，又稱為流程圖，能清楚理解作業的順序與負責的員工，由於經常用來表現業務內容，所以又稱為業務流程圖，是專門從事業務改善的企管顧問們一定會用到的格式。如果要製作更複雜的版本，會在箭頭線上加入判斷文字，讓箭頭出現分枝，或是把箭頭拉回最一開始的步驟。

　　如果你從來沒看過，就想要做出這種圖的話將會困難重重。因此我建議大家最好多看各式各樣的圖，再把它們收好存放在大腦的抽屜中；或是多看看公司裡其他職員製作的各類資料，將對你的業務有很大的幫助；但如果沒什麼機會接觸這些資料，也可以透過書籍或Google的搜尋結果，查閱到各式各樣的概念圖。而且光是業務流程圖就有好幾種版本，請大家不妨試著查查看。

Before 理解一大串文字需要時間

專案的進行方式

Step1 申請預算	Step2 批准預算	Step3 管理預算
員工整理所需預算，填寫申請表	CFO 財務長面對所有申請，跨部門整合、確定、批准	員工預算花費後，向部門主管提出報告
部門主管統整後，根據優先順序提出	部門主管確認被分配到的預算，有問題可再提申請	部門主管統整預算使用狀況，每季製作並提出預算報告書
部門主管對 CFO 財務長進行簡報	CFO 財務長檢討再次提出的預算申請，確定最後預算，通知部門主管	CFO 財務長確認預算使用效果，當作下一季預算分配的參考

After 縱軸統一以「人」為主，「方塊」裡只列出動作

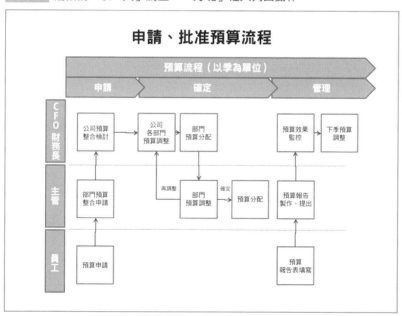

讓時間看得見
09 順序關係：甘特圖

◤ 清楚的工作週期帶有真實感

　　順序關係方面，我們介紹了步驟圖、流程圖的作法。接下來，要為大家介紹的是包含時間概念的圖。一般而言，表現時間排程的圖，就是甘特圖（Gantt chart）。當擁有決策權的人決定要做什麼、也決定執行步驟後，開始質疑企劃是否真能如期完成時，能為這項任務的可行度背書的也只有甘特圖了。因為當你加註每項任務所需的時間，原本的書面企劃案就湧現一股真實感。甘特圖的格式裡，縱軸表示任務、橫軸表示時間，並透過箭頭拉出每項任務需要多少時間。

　　在Before的圖中使用了表格的形式，無法一眼看出花費了多長的時間，無形中造成判斷障礙；在After的圖中，用箭頭長度來表現時間長短，馬上就知道時間規劃的可行性、與過去的實際經驗有沒有產生衝突。如果對方覺得所花的時間比想像中的少，而製作簡報者回答「依據經驗，這樣的時間是可行」的時候，就會給人能做出一番成績的感覺。另外，圖中有好幾條線同時並排，正說明了這幾項任務是同時進行。即使在還不知道企劃案會不會被選中的階段，提出這份預設執行狀況的甘特圖，就足以展現你製作企劃書的認真程度。或是在某個專案結束後，要進入下一個專案計畫之前，這時若使用甘特圖，也會讓決策者考慮把下一筆預算挪給你。

　　所謂概念圖，就是把概念與數字以視覺的方式呈現。「時間」是含有數字意義的概念，輕易就能表現在橫條或箭頭的長度上，而且長度從左拉到右，馬上就能明白時間的走向，整體感表現一點也不難。如果表現要素中出現了時間要素，請記得把它放在橫軸，並利用長度來表現。

Before 看不出每個任務的「時間長短」

任務和時間表

任務	期間	任務	期間
設定目的、目標	2/15-2/28	定義待辦事項細節	4/1-5/31
分析現況流程	3/1-3/9	設計基本要件	4/1-5/31
集體研討	3/1-3/9	監控設計	5/1-5/31
定義待辦事項流程	3/10-3/13	系統開發	6/1-8/24
提出解決方案	3/10-3/14	擬定執行計畫	8/25-8/31
定義 KPI	3/15-3/31	改革測試	9/1-10/31
		先行測試	11/1-11/30
		監控開始	11/20-11/30
		KPI 測量、分析、再設計	12/1-1/31

After 畫出任務的「長度」，感覺更真實

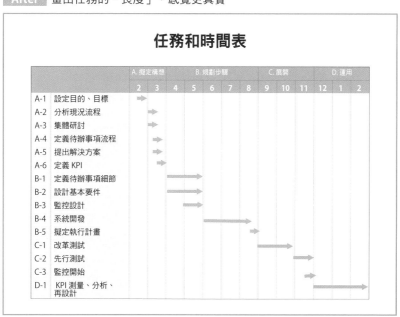

10 順時鐘、逆時鐘循環的意義不同
循環關係

◣ 正面循環圖與負面循環圖

　　這裡所舉的實例是表現循環關係的概念圖。說到順序關係，通常是流程從左到右就結束的關係；而所謂循環關係，則是流程會不斷重複回到原點、沒有結束的關係，常常會用「螺旋」、「循環」等字眼表達。PDCA循環圈（Plan、Do、Check、Action，又稱「戴明循環圈」）就是最常以循環的形式來傳達意義的概念圖。

　　乍看之下，Before與After的圖好像沒多大差別，差別只在箭頭循環的方向。Before的圖是順時針循環，After的圖則是逆時針循環，而這樣改的理由是為了表現出狀態愈來愈糟的情況。一般的循環，也就是正面循環時，都會用順時針方向表現；但如果想強調的是負面惡性循環，就必須用逆時針方向表現。這是因為我們已經對時間的順時針走法認為是一種自然、舒服的狀態，只要出現反方向，反而會有不安、不舒服的感覺。一樣的圖形，一樣的配置，只是換個「角度」改變相連方式，就能傳遞出完全不同的意義與感覺。

　　若說到進階版，還有一種更複雜的循環圖，那就是複合循環圖。在大大的循環圖上，中途插入箭頭、再拉出箭頭，或是讓箭頭回到原點，這樣的格式可以用來表現資源回收、庫存退貨等流程的狀況。

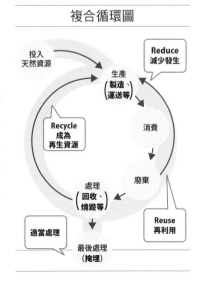

複合循環圖

Before 明明是「惡性循環」，卻順時針走

原因分析
妨礙內部網路活化的循環

更新頻率低，
使用價值下降

員工點擊次數減少

負責更新者
意態闌珊

電子郵件
加速訊息的傳遞

只在部門內進行
訊息的發送與活用

員工不認為是
公司資訊系統基礎

After 以逆時鐘走向表現負面形象

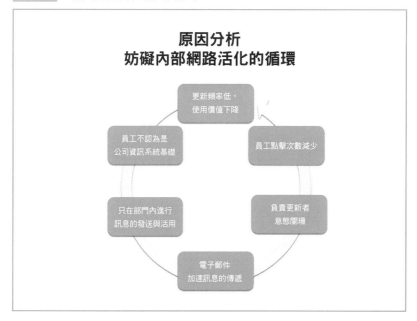

原因分析
妨礙內部網路活化的循環

更新頻率低，
使用價值下降

員工點擊次數減少

負責更新者
意態闌珊

電子郵件
加速訊息的傳遞

只在部門內進行
訊息的發送與活用

員工不認為是
公司資訊系統基礎

11 表現上下關係
階層構造

◤ 要用金字塔圖？還是組織圖？

想表現階層關係時，有 3 種表現型態：

①金字塔圖型態：把三角形切成好幾層，表現企業、顧客等集團或概念的等級。

②組織圖型態：用線將排列好的方塊連在一起，比金字塔圖更能表現具體的集團、組織架構。

③分層圖型態：就像好幾張紙疊在一起，用來表現系統、網路等概念的層級。

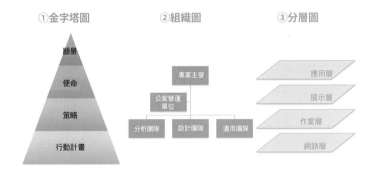

看了Before的例子後，雖然知道內容包含了「經營層、專案管理辦公室、專案團隊」這三個集團，但表格卻無法把彼此的關係利用視覺來呈現。而在角色欄位中，出現了「開始前、計畫、執行、執行後」的時間順序概念，卻是可以透過視覺來作呈現的部分。相對於After的圖，用金字塔表現上下關係，拉箭頭說明步驟流程，用視覺呈現每個階層在什麼時間點、扮演怎樣的重要角色。如果這三個集團有具體的組織名稱，則最好改成由方塊與線條連接而成的組織圖型態來表現。

Before 看不出人物間的關係，也不知道做了什麼

變革時期的角色定義

	角色
經營層	【開始前】根據 BCG 矩陣，判斷投資效果，選出專案 【執行後】測定與監控效果
專案管理辦公室	【計畫時】擬定專案計畫，調度資源 【執行時】監控專案狀況 【執行後】管理預算績效
專案團隊	【執行時】作業執行與進度報告

After 用金字塔表現上下關係，拉箭頭說明步驟流程

變革時期的角色定義

	開始前	計畫	執行	執行後
經營層	根據 BCG 矩陣判斷投資效果			測定與監控效果
專案管理辦公室		擬定計畫與調度資源	監控	管理預算績效
專案團隊			作業執行與進度報告	

12 以對方熟悉的事物為例①
用運動比喻

◤ 複雜的概念不詳細說明，該如何傳達？

　　向對方說明新概念、還要讓對方理解，真的是非常困難的事。繁複又耗時的說明，容易給對方造成「好像很難啊……」的印象。這種時候請想想可以拿什麼來比喻。所謂比喻，就是善用對方所擁有的知識，即使不鉅細靡遺地說明，也能清楚傳達全體與細節之間的關係。

　　這裡所舉的例子是當建構新組織架構的時候，成員應該扮演什麼樣的角色，像Before的圖表只是普通的組織架構圖，無法傳達任何新的觀念或關係。像After的圖就以足球隊的上場陣式做比喻，如此一來就能知道「中心主管就像守門員一樣，擔任防守要職」、「由政策擬定者主攻踢球」等訊息了。由於運動的陣式與規則非常明確，所以很適合拿來比喻。

　　另外，我想很多人應該都知道迪士尼樂園的員工又被稱為「演員」這件事吧！這也是把迪士尼樂園比喻為舞台、把員工比喻為舞台上的男女演員的實際案例。像這樣讓員工單純明快地瞭解在舞台上應該帶來怎樣的表演，就是個非常好的比喻，即使沒有厚厚一疊員工指導手冊，在這工作的人也能展現最符合時宜的表現，達到驚人效果。

　　想要告訴對方新的概念，或希望對方照你所想的行動時，就需要既簡單又好理解的表達方式。不斷重複著又臭又長的言論，很難讓對方留下深刻印象。而比喻的應用，應該根據不同對象，做出不一樣的比喻。因為隨著年代、業界、業務的不同，彼此所擁有的共同認知也會不同。先好好瞭解一下對方的背景，再試著透過舉例的方式，把想傳達的事物本質清楚傳達給對方吧！

Before 組織架構圖只能表現下達指令的體制

新組織架構圖

政策擬定者必須像總司令，根據市場分析者與供應商管理者的訊息，
對於採購事務與採購方面變更為下達指示的機動性組織。

中心主管

政策擬定

市場調查 　供應商管理 　採購事務 　外包

After 以足球為例，表現新體制的機動性

新組織架構圖

政策擬定者必須像總司令，根據市場分析者與供應商管理者的訊息，
對於採購事務與採購方面變更為下達指示的機動性組織。

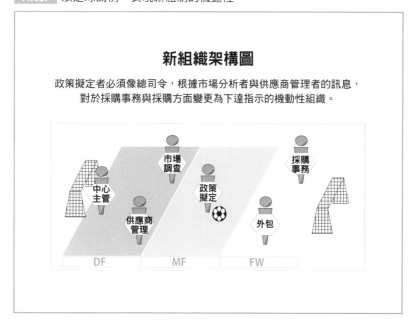

13 以對方熟悉的事物為例②
用植物比喻

◤ 培養抽象化能力，讓新概念容易理解

接續前一章節比喻的話題，這裡所舉的是把解決問題所需的技術和心理，以植物為例表現。當你把心理比喻為深紮在地面下的根，就能充分傳達出「雖然眼睛看不見，但在解決問題方面扮演著重要角色」、「如果沒有紮根，養分就會不足，技術就無法開花結果」等訊息了。

技術與心理的關係，也可以用冰山為例。冰山在水面下佔了90%相當大的面積，這部分雖然眼睛看不到，卻足以代表心理層面的重要存在。我們都聽過「冰山一角」這句成語，舉例來說，「眼睛看得到的小毛病只是冰山的一角，潛藏在水面下的壞習慣才是真正的危機」。同樣地，小小的疏失其實正反映了潛在的錯誤因子與組織問題。請大家要把好用的例子記下來，就能在製作資料的時候馬上聯想運用了。

與比喻手法類似的，就是把相似東西一起對照的方法。有時候想正確傳達出新技術，卻很容易讓聽眾陷入「雖然沒有說錯，但好難懂」的狀態。如果這時勉強使用比喻手法，很可能會產生更大的矛盾。遇到這種狀況，何不拿已經成熟的技術來對照，以「就像A技術裡的B功能一樣」等說法，讓聽眾一聽就抓到方向。

比喻或對照等表現手法，講求的是「抽象化能力」。抽象化能力的高低，會影響一份充滿新概念的企劃案的訴求能力。當你擁有理論化繪製概念圖的能力，如果還同時兼具抽象化的表現能力，你就無人能敵了！

Before 只能顯現「上下關係」

解決問題的必備能力

解決問題雖然需要理性的思考，但如果沒有目標、承諾、
把問題視為是自己事的所有權觀念，就很難有所成果。

技術

假設思考　　　構造思考
上下思考　　　全體思考
關鍵字思考　　選項思考

心理

承諾導向
所有權導向
目標導向

After 以「樹根」和「樹木」為例，表現心理層面的重要

解決問題的必備能力

解決問題雖然需要理性的思考，但如果沒有目標、承諾、
把問題視為是自己事的所有權觀念，就很難有所成果。

14 把實物本身當成體裁格式

◥ 區分理論性表現與物理性表現

　　概念圖、表格與圖表，都是決定橫軸、縱軸等格式後，再依循理論邏輯來配置資料，然而，其中的理論邏輯並不等於是具體事實。當我們看到全國各地銷售狀況時，比起使用全國各區的銷售比較表，直接利用地圖標出每一區的銷售額繪製成概念圖，更能得到截然不同的啟發。舉例來說，若最終結論是「以某縣市為界，出現完全不同的銷售傾向」，只用表格呈現，會因為不知道哪個縣與哪個縣相鄰，而錯失讀取如此結果的機會。相反地，如果使用地圖，結論一目了然。

　　同樣地，把營業額直接標在店舖的平面配置圖上，也能有新的發現。我之前曾遇過，不知道什麼原因同樣的商品只在某家店賣得特別差，於是拿出店舖的平面配置圖，把銷售數字標上去，便找出了狹窄的走道與商品排列的位置是影響該商品賣相的兩大元兇。只看表面的數據，往往會錯失許多數據內隱含的訊息。

　　其他的物理性格式還有辦公室、工廠的平面圖，以及店舖的照片，我們都可以直接在上面標出數據與改善策略。像是邀請各國人士參加東京奧運的簡報資料就有著強大的號召力，主要是加入了幾張在東京街景中標示了地鐵站位置的照片。若資料裡只放了地鐵路線圖，反而不會讓人印象如此深刻，正是因為在真實的東京風景照上標出各線地鐵的專屬色、標誌與路線，才讓人真切感受到交通的便利性，以及東京是個相當進步的都市。所謂的照片可算是「百聞不如一見」的極致表現。比起只列出理論性數據，試著增加簡報的說服力與真實性吧！我們不僅僅要能會呈現理論性的數據，也要知道如何透過物理性的格式，去提升自我的簡報表現力。

Before 看得到排名，卻不知道地理位置的相關性

日本 23 區 地價前 10 名

第 1 名	中央區	491 萬 8075 日圓 /m²
第 2 名	千代田區	459 萬 0987 日圓 /m²
第 3 名	港區	270 萬 8431 日圓 /m²
第 4 名	澀谷區	258 萬 0584 日圓 /m²
第 5 名	新宿區	249 萬 7798 日圓 /m²
第 6 名	豐島區	114 萬 1442 日圓 /m²
第 7 名	台東區	110 萬 3437 日圓 /m²
第 8 名	目黑區	96 萬 9480 日圓 /m²
第 9 名	文京區	94 萬 0274 日圓 /m²
第 10 名	品川區	88 萬 1619 日圓 /m²

After 直接在地圖上標出位置，增加真實感

日本 23 區 地價前 10 名

400 萬日圓 /m² 以上

100 萬日圓 /m² 以上

80 萬日圓 /m² 以上

15 試著組合圖表來表現關係性①
金字塔圖 + 矩陣圖

◤ 藉由金字塔與矩陣，表現等級的變化

　　到目前為止，我們介紹了 7 種表現關係性以及利用比喻的Before/After實例。接下來將進入應用篇，透過表格、圖表、概念圖的組合，來表現更複雜的關係。來看一下這裡所舉的例子吧！Before的圖中，雖然可以看出某種發展關係，卻無法從中抓住每個時期、每個階級的特徵。接著一起來分析如何改善才能變成After的圖表。

①首先，從高度成長期到現在是一段連續性的時間，將它們依序設在橫軸。
②接下來，由於出現貧困階級、中產階級、富裕階級等階級概念，所以試著用金字塔圖的方式呈現。
③由於出現「上升、下降」等上下變動的文字，代表必須讓金字塔的位置上下移動，所以縱軸由上而下依序設為富裕階級、中產階級與貧困階級。
④在橫軸為時間、縱軸為階級的矩陣中，於適當位置畫出每段時期的金字塔。
⑤根據每時期的金字塔特徵，在最具代表性的地方塗上顏色。
⑥用箭頭強調「上升、下降、增加、兩極化」等變化。

　　改善的順序是：先設定橫軸與縱軸，再思考要在圖裡標示什麼給讀者看，這部分主要著眼於聚焦的技巧。唯有不斷地測試，才能找到最適合的表現方式，所以奉勸大家不要馬上就打開POWERPOINT來作圖，而是先一邊思考一邊在紙上畫出草圖。

Before 展開關係圖無法表現階級的變遷

階級的時代變遷

現在	歷經雷曼兄弟等風波，收入兩極化，成為貧富差距極大的社會。
消失的 10 年	隨著泡沫經濟崩解，經濟低迷，中產階級往下層沉淪。
泡沫經濟時期	泡沫經濟榮景，促使富裕階級一下子激增。
中產階級時代	在物質生活富裕的時代背景下，一般家庭變富裕的情況增加，共計有一億個中產階級。
高度成長時期	搭上戰後經濟成長潮，貧困階級從底部向上攀升，一舉爬上中產階級的下層。

After 以時間、階級為兩軸的矩陣裡，透過金字塔表現內容

階級的時代變遷

	高度成長時期	中產階級時代	泡沫經濟時期	消失的 10 年	現在
富裕階級					
中產階級 上					
中產階級 中					
中產階級 下					
貧困階級					

16 試著組合圖表來表現關係性②
圖表＋表格

◥ 圖表與表格互相組合，表現複雜的「報價圖」

　　報價單的表現方式若不正確，將會拖延決策的進度。唯有正確傳達商品和服務的費用與內容，才能加快決定的速度，提高信賴感。如果可以只用一張圖表或表格來清楚呈現報價，那是再好不過的事了，但由於商品和服務的內容以及計費的系統愈來愈複雜，想單純透過一張圖表或表格報價更是難上加難。而且，當同時出現好幾個需要報價的選項時，又要再把每個選項與計算根據分開呈現，也會讓人摸不清其中的關聯性、變得更加混亂。這一章節，將為大家示範如何透過表格與圖表的組合來解決問題。

　　首先，在Before的圖表中，呈現的是報價的根據與選項兩種表格，很難從中看出每個選項之間的關係，以及該用什麼判斷標準進行選擇。接著看到After的圖表，改善的重點在於，必須先將整體與個別之間的關聯為前提，接著思考如何以最適當的方式表現每一個要素。第一，為了讓報價金額以「數量」呈現，可以使用直條圖。如果還想呈現更多內容，也可以採用堆疊直條圖。第二，報價根據主要來自人力投入程度，所以將階段與機能設成兩軸，這樣就完成表格樣式了。加上階段屬於時間流程，要把階段設為橫軸。在呈現報價金額的「直條圖」旁，放上各階段投入的人力和機能的「表格」，透過這樣的配置，能讓讀者注意到兩者的關聯性。為了加強彼此的關聯性，可以試著把表格左軸項目的高度與顏色，設成跟直條圖項目的高度與顏色一樣，方便讀者對照。

　　根據以上的作法，以最適當的方式畫出一個以上的圖表，再把圖表間的關聯性說清楚，再怎麼複雜的案子，也能讓人一目了然。

Before 看不出選項與內容的關係

報價選項

選項	總費用（百萬日元）	備註
必備機能	4600	
追加 A	6300	追加分析機能
追加 B	7100	追加預測機能

人力需求內容

	必備機能	追加 A	追加 B
設計	6	2	1
開發	30 基本 20 維護 4 監控 6	12 帳務 3 分析 5 警報 4	5 預測 3 自動化 2
運用	10 基本 6 維護＋監控 4	3	2
合計	4600 百萬日圓	1700 百萬日圓	800 百萬日圓

After 對照比較內容表與費用直條圖的關係

報價選項

機能		人力（每月幾人）			合計（百萬日圓）
		設計	開發	運用	
預測	自動化	1	2	2	800
	預測		3		
分析	警報	2	4	3	1700
	分析		5		
	帳務		3		
必備	監控	6	6	4	4600
	維護		4		
	基本機能		20	6	

最低
必備機能
4600
百萬日圓

附加
分析機能
6300
百萬日圓

附加
預測機能
7100
百萬日圓

17 消除重複，讓一切簡單明瞭①
文字的重複

◥ 用「因式分解」來刪減文字

接下來介紹如何讓一張不易理解的圖表改頭換面，並透過Before和After的實例從中理解改善重點。請大家先記住：想要改善不易理解的圖表，唯一守則就是「消除重複」。因為不易理解的圖表常常會有某些部分不斷重複出現，因此請注意有無重複的地方，並將其刪除。

Before的圖是一張顯示某個事業發展變化的圖，乍看之下會給人一大堆文字的印象。那麼，讓我們來看看如何刪減文字吧。

①每個欄位同樣的文字一直重複出現。像是第一列的「視角」、第二列的「服務」、第三列的「商業」等等。以這個例子來說，這些文字就是重複的部分。試著想想看該怎麼消除文字重複的狀況。

②抓出不斷重複出現的文字，統整在左側。這是一種「因式分解」的技巧。

③把每個欄位裡的文字精簡成像關鍵字的形式。

從文字數量來看，Before圖表中的字數大約有500個字，而After的圖表卻減少到只剩120個字了。由於使用POWERPOINT輸入文字時，軟體會隨文字多寡自動調整字級，會讓人不知不覺就打出一大堆文字。一張投影片最好控制在只有140個字左右，這就和發一則Twitter的文字量差不多，也是視覺上最容易閱讀的字數範圍。近幾年備受矚目的「高橋流簡報法」[註1]，就是在一張投影片裡放進60個重點，把大量的文字化為一個個關鍵字的簡報手法，不僅容易理解，也讓人印象深刻，連許多TED演講者也採用這種方法。

註1：由高橋征義發明的簡報技法。沒有圖片圖表，全部以文字構成，且每張投影片力求以最少的文字來表現。

Before 同樣的文字一再重複出現

事業推展計畫

第 1 階段	第 2 階段	第 3 階段	第 4 階段
一以顧客立場為主,從公司角度以組織為單位,建構、推行服務。	一不以各組織單位為主,站在顧客立場建構服務。	一增加便利的服務與機能,提升顧客的持續使用度。	一持續增加基於使用者需求發展而來的服務與機能,以業界慣用的方式生存。
一結果,服務的品牌感與設計性不一致,讓顧客覺得混亂。	一雖然服務的品牌感被統一,但內容就像「型錄」,「單向溝通」佔了大半。	一依循使用者的習慣,設計殺手級服務,提出許多關於新服務與新機能的提案。	一服務改變了顧客過去的習慣,再從中找出服務機會。
一導致重大的商業機會流失。	一商業上,處於沒有利潤的狀態。	一商業上,處於有盈利的狀態。	一出現投資新商業模式的機會。

一從顧客角度出發,設計、開發服務。

一構築、確立商業平台。

一新服務與新機能提案衍生商業模式。

一承辦使用者程式的外發業務。

目標(2015 年)

現狀(2010 年)

After 透過「因式分解」找出主題,以關鍵字形式呈現

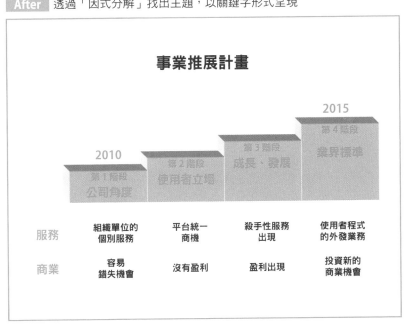

18 消除重複，讓一切簡單明瞭②
線的重疊

◥ 刪除重疊的線，避免線條雜亂

　　第二個重複問題是「線」的重疊。想要表現兩個要素之間的關聯性，我們最常用的方式就是用線相連，但如果要素的數量增加，就很難以這種方式呈現。這裡以「邏輯思考工具可以解決哪些情況」為例，由於工具與情況都超過4種以上，所以很難正確掌握誰與誰有關聯性。因此用線來表現關係時，最好是1對1，或頂多是1對多的狀態。

　　說到改善方法，像這種線互相重疊的情況，可以透過改變表現要素的位置得到改善。把工具設為縱軸，情況設為橫軸，由於情況之間有時間先後的概念，所以依序從左排到右。光是畫出橫軸與縱軸，一個矩陣圖就出現了，而矩陣裡的空白欄位，對照相應的橫軸與縱軸，就能顯示出位置關係。我們將透過色塊來表現有意義的欄位，但如果你想表現更細部的狀態，也可以透過○、△、×等符號呈現。

　　此外，在找尋改善的切入點時，請試著參考表現要素所透露出來的關係性。舉例來說，這個例子中所要表達的是「邏輯思考工具可以解決哪些情況」，我們就要舉出用怎樣的關係性來表達是最適合的了。若從「情況」這個字切入，就能聯想到展開關係與順序關係，又加上兩軸的設定，使人聯想到位置關係。但在這個主題中，並沒有發展性的概念，所以剔除展開關係，留下順序關係。然後再去想如何利用順序關係圖來表現邏輯思考工具。最後，決定融合順序關係圖和位置關係圖，表現手法於是塵埃落定。如果繪製出來的圖出現線條雜亂的情況，請試著重新審視並決定兩者的關係，就能撥雲見日看到改善的方向。

Before 線條雜亂，看不出彼此關聯性

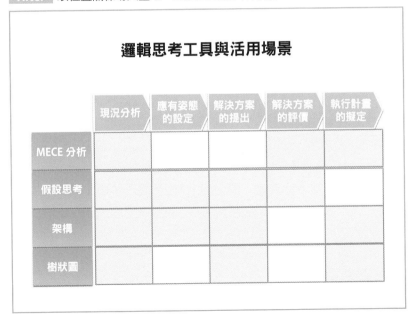

After 以位置關係切入整理，並透過色塊表現相關性

19 消除重複，讓一切簡單明瞭③
圖形的重複

◥ 消除意義相同的重複圖形的 3 種方法

　　當你的製圖技巧提升時，就會開始想要把各式各樣的圖形放進自己的簡報裡，但跟文字一樣，圖形也是愈少愈好，才不會讓對方看得頭昏眼花。而且，修改的時候，如果圖形太多，還要花更多時間處理。所以，最好還是選擇製作省時、閱讀順眼、修改輕鬆的方式會比較好。消除「圖形物件」的重複，有以下幾種方法：

●刪除意義相同的圖形

　　Before的例子中，使用了四方形方塊和箭頭，但其實只要使用方塊箭頭就可以，這是因為方塊箭頭前端三角形的部分就足以說明流程方向，不需要額外加上箭頭圖形。

　　此外，把Before圖中用對話框表現日數的部分，也可以改用長短箭頭表現，因為圖形的長短正好能代表日數的長短。所以不管是長短、胖瘦都有某些意義，使用圖形前，請思考清楚喔。

●刪除過多的框線

　　不要濫用區隔文字用的外框。文字的大小與間隔就足以做出區隔效果，不需要另外使用外框。

●刪除強調的圖形

　　在Before的圖中用了誇張的爆炸圖來表現重點訊息，但真的非得這麼做不可嗎？就像After的圖，雖然沒有特別強調「報價核准花了太長時間」，但一看就知道了。誇張的表現，並不會彰顯訊息，最理想的作法還是刪除不必要的干擾，以最少的反差，來強化想加強的焦點。

　　請大家務必了解圖形所代表的意義，注意圖形的大小與配置，並且盡量刪除多餘的圖形。

Before 圖形太多

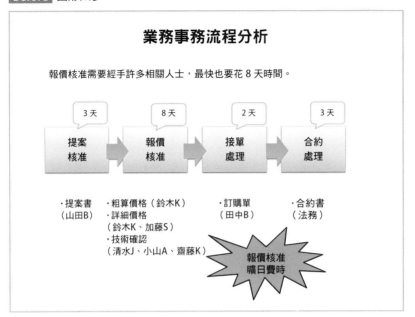

After 用「長度」表現花費時間，用「印章」表現經手人數

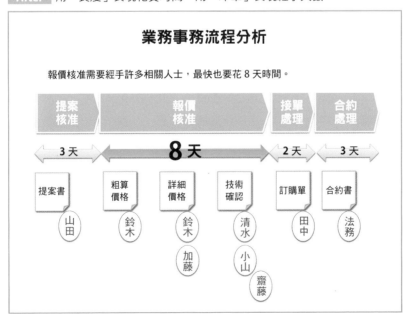

20 消除重複，讓一切簡單明瞭④
面積的重疊

◤ 「錯開」就能解決面積的重疊問題

　　第四個重複問題是面積的重疊。線的重疊可以透過改變橫軸、縱軸的設定來解決。當只有兩個比較項目時，將兩個項目設為橫軸與縱軸，能改善大部分的情況。但以下的例子，除了既定的橫軸、縱軸要素外，還存在著另一個要素，也就是說，總共有 3 個比較項目。

　　這個例子中的概念圖，主要是表現 4 家公司在不同國家的事業推展狀況。我們可以看到Before的圖，把國家與事業分別設為縱軸與橫軸，然後在相對應的位置塗色，來表現 4 家公司的業務推展狀況，但由於重疊的地方太多，愈是對照 4 家公司的顏色與矩陣圖裡的顏色，愈是難以正確掌握每家公司的業務推展範圍。或許當重疊的部分沒這麼多的時候，可以用這種方式呈現，但由於重疊的部分實在過多，不得不把每一片都錯開來看，才能清楚。

　　看到After的圖，這裡把每一片面積都錯開，讓原圖清楚示人。當然把每一片面積平放然後並排也可以，但這裡選擇用立體的方式錯開並排，主要是因為想要利用一個箭頭串連起所有的面積，傳達出「4家公司都沒有在歐洲發展事業Ⅲ」這個訊息。也是為了因應訊息內容而選擇這項聚焦技巧，並不是想讓簡報看起來更酷炫。

　　資料與投影片都屬於二次元的平面表現，所以當遇到要處理含有3 個比較項目的三次元主題時，就會變成不易理解的資料與投影片。在矩陣圖裡透過大小不一的圓來表現的概念圖，又稱為泡泡圖，而這種圖最好用於泡泡與泡泡之間不過度重疊的時候。圖表也是一樣的道理，前面介紹折線圖的地方已經提過：當好幾條折線過度重疊時，請將一條折線以一個圖表來表現，這樣才能看出折線的特徵。

Before 畫面重複，看不清形狀

各公司全球發展狀況

4家公司都沒有在歐洲市場發展事業Ⅲ，應該檢討該領域是不是值得投入。

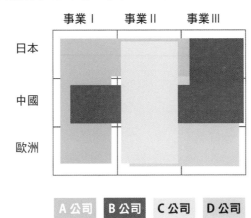

事業Ⅰ　事業Ⅱ　事業Ⅲ

日本

中國

歐洲

A 公司　B 公司　C 公司　D 公司

After 用 3D 圖錯開每個重疊的畫面

各公司全球發展狀況

4家公司都沒有在歐洲市場發展事業Ⅲ，應該檢討該領域是不是值得投入。

事業Ⅰ
　事業Ⅱ
　　事業Ⅲ

日本

中國

歐洲

A 公司　　B 公司　　C 公司　　D 公司

儲存資料的訣竅

我常常被問到如何提升製作簡報資料的能力，基本上，答案不外乎是「參考許多優質的簡報，然後從中學習模仿」，為此就讓我來介紹如何儲存這些優質簡報的技巧吧！

我過去曾擔任日本外商顧問公司中學習與知識部門的主管，從事人才培育與知識管理。所謂知識管理，就是把過往的資料建檔、存進資料庫前，仔細進行資料的分類，再將篩選的資料謹慎儲存，等過了一段時間後，再選擇壓縮資料或是直接廢棄。之所以要這麼做的理由，是因為當時的資料庫容量比現在少，無法儲存太多的資料。到了現在，由於儲存容量變大，主流的作法不再是篩選資料，而是把所有資料先存進資料庫，再把「可用性＝經常使用」與「有效性＝產生成效」較高的資料排在前面，讓沒什麼貢獻的資料不要礙事地擋在「前面」。

個人儲存資料的時候也是一樣，現在的個人電腦與雲端服務的容量大增，所以如果遇到可能有用的資料，就先把它存起來吧！書面資料可以用掃描的方式存檔，如果只需要其中一部分時，也可以用智慧手機將資料拍下來。與其很貪心地儲存整份簡報，不如只儲存其中做得很好的幾頁，之後閱讀起來也會比較輕鬆。

而且，比起把資料存在電腦資料夾裡，不如存在像 Evernote 等雲端服務平台上，使用起來會更為便利。為資料加上幾個標籤，也能充分達成資料管理的目的。舉例來說，如果是一張優秀的時間表製作的參考資料，請加上「時間表」標籤，方便之後搜尋。如果是經常會用到的資料，也請直接製作快捷路徑。此外，如果是自己手寫而成的分鏡圖或概念草稿，將來可能會用到，也請以圖片或連結的方式儲存好。透過以上這些方式建構一個屬於自己的知識管理環境，就能提高製作報告時的便利性。

Chapter

4

【視覺效果】

一目了然的排版與畫面

01 排版①
分組整理

◥ 別把橫向與縱向的順序搞混

到第三章為止，我們介紹了表格、圖表、概念圖以及修改前後的範例，至於每一種圖是否容易理解，會隨著配置方式，也就是改變排版而產生變化。排版最基本的要求，就是「讓讀者閱讀時毫無壓力」。如果把相關的要素配置在遙遠的兩端，讓視線不得不來回穿梭，即使是令人印象深刻的圖表或概念圖，最後也只會留給讀者資料有看沒有懂的遺憾。

基本的排版步驟，首先要決定是以垂直排列的順序、還是以橫向排列的順序製作，決定好後就不能再更改。可能的話，最好讓每一頁的排列樣式保持統一，才能減輕讀者耗眼傷神的負擔。

在Before的例子中，第一行圖形以垂直方式排列為了和下方圖表互相對應，但第二行卻變成橫向排列了。再看到After的例子，我們試著改變了排列方式，並選擇不刪除或變更原有的圖形，把關聯性強的內容分成同一組，彼此關聯性較弱的內容之間直接插入空白，這樣一來，就能讓讀者一眼就看清全體是由哪幾個區塊所組成。再舉例來說，如果是一篇又臭又長的文章要分成幾組時，可以縮小同一區塊內的行距，擴大不同組之間的行距，就能成功分出區塊了。

如果不進行分組整理，讓文字和圖片之間隔著一段距離，會讓讀者不知道哪裡是一個段落，眼睛不斷在資料上游移尋找，最後只會覺得這份報告真難理解。而且說到分組，或許你可能會想到用線把每一組框起來就好，但其實留白，才是區別分組的最好方法，不僅不會讓讀者看到頭昏眼花，也給人報告簡潔俐落的印象。

只要把關聯性強的要件擺在一起，再利用空白來區隔關聯性弱的項目，只要做到這一點，就能大大提升報告的易閱讀性了。

Before 上面是橫向排列，下面卻是垂直排列，完全無法對應

各公司全球發展狀況

1970 年代　　1980 年代～ 1990 年初　　1990 年初～

①歧視與公平　　②衝撞與合法　　③學習與效益

	基本信念	導入方式	制度	計畫	課題
①	與別人一樣	從上到下	機會均等	開發輔導系統	商業貢獻小，反對聲浪大
②	承認異質存在	市場導向	組織多樣化	適才適任	缺乏橫向推展，高離職率
③	創造新價值觀	經營策略	雇用女性人才	在有限制的前提下導入工作類型	長時間工作

After 整合上面與下面的文字，統一順序

各公司全球發展狀況

1970 年代　　1980 年代～ 1990 年初　　1990 年初～

①歧視與公平　　②衝撞與合法　　③學習與效益

基本信念	與別人一樣	承認異質存在	創造新價值觀
導入方式	從上到下	市場導向	經營策略
制度	機會均等	組織多樣化	雇用女性人才
計畫	開發輔導系統	適才適任	在有限制的前提下導入工作類型
課題	商業貢獻小，反對聲浪大	缺乏橫向推展，高離職率	長時間工作

排版②
02 統一配置

◣ 排版的基本規則是對齊統一

　　即使大家都認為簡報裡對齊圖形與文字是理所當然的事，但我還是看過沒有對齊的。尤其對不習慣使用POWERPOINT的人，經常會以滑鼠手動對齊，而不是透過「物件對齊」的功能鍵自動對齊，所以總會出現對不齊的狀況。而且不只位置、形狀與大小也需要統一。除了圖形，當你想在簡報中插入相片時，如果每張大小不一，也請把每張照片調整或裁切成一樣的尺寸，一旦投影片裡存在著不同尺寸、形狀和大小，也沒有對齊配置的物件，就會給人亂七八糟的印象。更值得注意的是，這樣的編排方式還會產生「對方還沒看內容之前，就已經認定這是一份隨便的報告」的風險。

　　接著，我們來看以下幾個改善重點吧。

①位置對齊

　　基本上，靠左與靠上對齊，會給人妥善整理好的印象。文字多的時候，為了不破壞易讀性，必須優先考慮換行位置，所以不一定非得讓每行的文字向右邊對齊。放入一篇文章時通常都習慣靠左對齊，為了要能準確對齊，段落開頭盡量不要空格（縮排）。如果在小標題或文章中經常使用縮排，會變得不容易閱讀，這一點請大家注意。

②形狀與大小統一

　　統一圖形的形狀與大小。絕不要隨著插入文字的字數去調整圖形的大小。盡量不使用框線，因為有些圖形的形狀本來不規則，外加框線反而會有種過度整齊劃一的印象。

Before 圖形位置分散。線太粗，不易閱讀

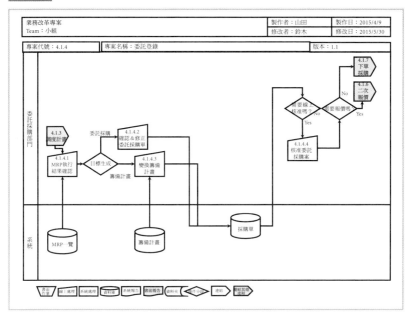

After 畫細線。圖形位置靠上對齊、靠左對齊

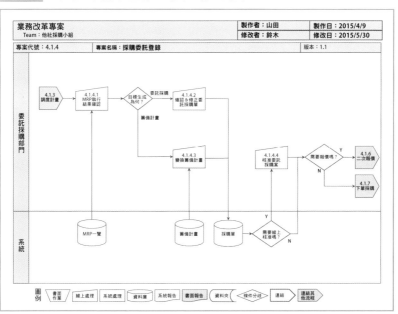

Chapter4 【視覺效果】一目了然的排版與畫面

125

03 排版③
控制字寬、行距

◤ 什麼是一目了然的條列式？

　　條列式是投影片常見的格式，有些時候看似作用不大，但在某些情況下，只要有了它，就會使資料更加容易明白。其中要注意的重點有3個：字句、行距、開頭。以後別再什麼都不想就使用條列式，學習控制以上3點，試著做出容易閱讀的條列式吧。

　　讓我們看看Before和After的圖之間有什麼不同吧！

①字寬

　　Before的圖使用的是等寬字體。所謂等寬字體，就是所有字符的寬度都一樣，所以字級變大時，像是間隔號「‧」與括號「（）」等也占了一個字符，使得前後留白空間拉大，變得不容易閱讀。此時，我們就要使用能自動調整字寬的比例字體。「MS PGothic」字體中的「P」，就是象徵比例字體Proportional Font的英文縮寫。

②行距

　　透過行距，就能展現不同的分組區塊。讓同一分組內的行距變窄，不同組的行距拉寬，做出區隔感。

③開頭

　　選擇醒目的符號作為條列式的開頭。間隔號「‧」容易與其他文字混在一起，如果當成開頭符號，會分不清究竟是開頭還是內文。另外，從第2行以後要縮排，讓開頭符號位置的上下沒有其他文字干擾。縮排不僅能使條列式看起來整齊劃一，也能讓讀者清楚知道該從哪裡開始閱讀。

　　掌握以上3個重點，就能做出易讀性高的條列式報告，希望大家銘記在心。

Before 全體給人散漫的印象

朝多元化邁進的宗旨（2015 年度）

・高層主管主動對公司內外發佈「敝公司積極採納、活用多元化管理」等訊息。
・制定「價值觀」，成為行動準則，使大家共有。
・創造一個理解彼此差異、產生共鳴、進而能提出多元意見的溝通環境。
・當混亂發生時，思考能確切對應的架構為何並活用。
・把多元化相關事項納為「考核項目」。作為能力指標之一的同時，將推動多元化與貢獻設為考核指標，在雇用、考績、薪資、升遷方面完整反映出一貫性。
・培育能時時注意、理解團體中的個別性與特異性等狀況的中階主管。
・不限特定員工，整理並展示出各種立場的人的「職涯規劃」。

After 改變字體。擴大條列之間的行距

朝多元化邁進的宗旨（2015 年度）

- 高層主管主動對公司內外發佈「敝公司積極採納、活用多元化管理」等訊息。
- 制定「價值觀」，成為行動準則，使大家共有。
- 創造一個理解彼此差異、產生共鳴、進而能提出多元意見的溝通環境。
- 當混亂發生時，思考能確切對應的架構為何並活用。
- 把多元化相關事項納為「考核項目」。作為能力指標之一的同時，將推動多元化與貢獻設為考核指標，在雇用、考績、薪資、升遷方面完整反映出一貫性。
- 培育能時時注意、理解團體中的個別性與特異性等狀況的中階主管。
- 不限特定員工，整理並展示出各種立場的人的「職涯規劃」。

04 排版④ 善用框線

◥ 用框線進行分組與強調

　　當投影片裡有太多要素時，經常會把關聯性強的物件放一起，自成一區，或是把想強調的部分用框線框起來。框線有各式各樣的類型，舉凡四方形、圓形、橢圓形、圓角矩形等，還可以將框線或是框線內的面積上色，表現手法非常多樣。但它也是一種如果不知道如何善用，反而會使頁面變得繁雜的一種技巧。接下來讓我透過Before的例子講解需要改善的地方，一併介紹框線的使用規則吧！

①統一框線的形狀

　　四方形或圓角矩形等框線同時存在時，由於每種形狀給人不同的印象，整體就會給人紛雜不統一的感覺。同一頁面，甚至是同一份資料中，請盡量只用一種框線形狀。

②不使用橢圓形

　　橢圓形的寬度與高度不一樣，所以能圈起來的字數有限。而且隨便調整它的寬度與高度時，容易產生變形，看起來就和之前是完全不一樣的形狀，無法維持統一感。請大家選擇其他形狀吧！

③統一圓角矩形的圓角弧度

　　雖然圓角矩形給人柔和的感覺，但如果圓角太大，反而會給人窘迫的印象。而且，當你改變四方形的長寬，圓角的弧度也會跟著改變，於是同一份資料中就會有大圓角或小圓角的情況。請務必把圓角的數字設定在最小值，並統一圓角的弧度。

④不要過度使用框線

　　習慣製作簡報的人，容易出現濫用框線的情況。請記得不要什麼時候都用框線，盡量透過放大字體或拉長間隔等方式表現。

Before 各式各樣的框線給人雜亂的印象

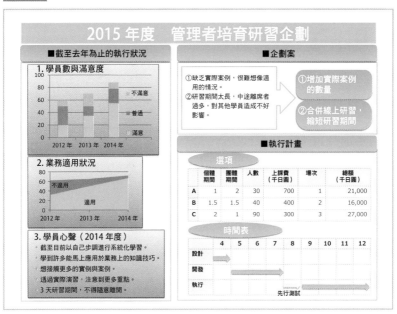

After 透過留白，注意到區塊的劃分。框線的使用減到最少

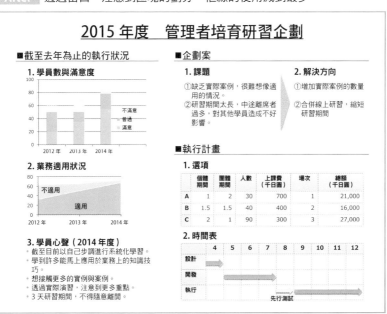

05 排版⑤
用留白吸引注意

◥ 別再整頁塞滿文字圖案，造成壓迫感

不管是用POWERPOINT、WORD還是EXCEL製作資料，都一定要注意留白。整頁塞滿文字圖案，看起來會非常擠，給人沉重的壓迫感。因此頁首、頁尾、左右兩端至少要留一個字以上的寬度，不只內文或圖形，連小標題、大標題也不能擺在這裡，務必要徹底淨空。

除了頁面的上下左右要留白之外，不同區塊的內容之間也要留白。如果大家全都緊緊黏在一起，就分不清楚哪些是屬於同一個區塊，給人非常不易閱讀的感覺。

記得過去有某位同事製作出要給董事的報告資料中，把非常詳細的EXCEL表格以滿版的方式貼在投影片上，連頁腳都被表格覆蓋了。於是這位董事作出了以下評論：「這份報告就像襯衫沒收進西裝褲裡一樣，非常難看，請修正。」所以請大家一定要注意，沒有留白，不僅會造成壓迫感，還容易給人不好的印象。

那麼，讓我們來看看Before的例子有哪些值得修改的地方吧！

①頁面的留白

頁首、頁尾、左右兩端至少要空下一個字以上的寬度。

②不同群組間的留白

為了區別哪些是屬於同一群組，請在不同群組間留白。這麼一來，就能刪掉多餘的框線了。

③圖形、框線內的留白

不僅是頁面要留白，圖形和框線裡也要留白。在小標題、大標題周圍留白，才能吸引讀者的目光。別再只是一味地把文字放大，好好使用留白吧。

Before　留白很少，充滿一堆框線

新城 50 週年紀念活動報告

新城開城 50 週年紀念活動已於新城中的各個場所舉辦。活動期間，已發送官方活動資訊給新城內的所有住戶，讓他們了解活動內容。

活動吸引了眾多新城內外的人前來參加新城 50 週年慶，熱鬧非凡。另外要感謝新城相關商家、公司行號的協助，才能讓各類慶祝活動順利舉行。

收支	費用明細	1月	2月	3月
收入	活動費	350,000,000	200,000,000	569,000,000
	年會費	34,000,000	34,600,000	35,600,000
	網路媒體	4,000,000	3,400,000	5,400,000
	商品販售	1,200,000	2,000,000	3,400,000
合計		389,200,000	240,000,000	613,400,000
支出	場地費	120,000,000	90,300,000	140,000,000
	簡報資料	5,000,000	6,000,000	45,000,000
	商品製作	90,000,000	85,000,000	120,000,000
	網路媒體製作	100,000,000	98,000,000	90,000,000
	交通費	50,000,000	65,000,000	45,000,000
	通訊費	300,000	300,000	300,000
	演講費	800,000	1,000,000	950,000
	其他	1,200,000	1,300,000	500,000
	合計	367,300,000	346,900,000	441,750,000
總計		21,900,000	−106,900,000	171,650,000

> 2 月的活動，廣告促銷不見成效，導致來客數不增，收支出現赤字，但 3 月情況一轉，營收大增。

4 月預定計畫
・4 月 1 日 ～ 3 日　櫻花祭
・5 月 3 日 ～ 5 日　兒童節嘉年華
・6 月同時舉辦畫展、攝影展

After　頁面四周留白，不同組別之間也留白，並刪除框線

新城 50 週年紀念活動報告

新城開城 50 週年紀念活動已於新城中的各個場所舉辦。活動期間，已發送官方活動資訊給新城內的所有住戶，讓他們了解活動內容。

活動吸引了眾多新城內外的人前來參加新城 50 週年慶，熱鬧非凡。另外要感謝新城相關商家、公司行號的協助，才能讓各類慶祝活動順利舉行。

（單位：千日圓）

	1月	2月	3月
收入	389,200	240,000	613,400
活動費	350,000	200,000	569,000
年會費	34,000	34,600	35,600
網路媒體	4,000	3,400	5,400
商品販售	1,200	2,000	3,400
支出	367,300	346,900	441,750
場地費	120,000	90,300	140,000
簡報資料	5,000	6,000	45,000
商品製作	90,000	85,000	120,000
網路媒體製作	100,000	98,000	90,000
交通費	50,000	65,000	45,000
通訊費	300	300	300
演講費	800	1,000	950
其他	1,200	1,300	500
收支	21,900	−106,900	171,650

【收支概要】
2 月的活動，廣告促銷不見成效，導致來客數不增，收支出現赤字，但 3 月情況一轉，營收大增。

【4 月預定計畫】
・4 月 1 日～3 日　櫻花祭
・5 月 3 日～5 日　兒童節嘉年華
・6 月同時舉辦畫展、攝影展

06 指引①
用大小傳遞重要性

◥ 太過一致，看不出誰是重點

　　常常聽到「盡量把文字放大」的說法。的確，把許多小字擺在一起，當然不容易閱讀，然而，只是把所有文字放大，也無法傳達哪裡才是最重要的資訊。如果沒有給予文字的大小、粗細方面的強弱，容易有種單調的感覺。想要表現重要程度，就要改變文字的相對大小。所以別再追求所有字級都要「○級以上」，而是根據內文，放大重點文字的部分就好。相反地，如果把內文稍微縮小，把想要強調的主題或標題等關鍵字放大，就能做出層次感，吸引讀者直覺性地把目光投射在重要的地方，從中理解內容與重點。

　　一起來看看這個例子有哪些需要改善的地方吧！

①放大重要關鍵字

　　在Before的圖中，方塊箭頭裡的文字都一樣大；而在After的圖中，放大了步驟名稱。

②賦予文字強弱

　　把標題、重要的字變成粗體。

③放大數字，縮小單位

　　數字往往是投影片裡最重要的資訊。即使如此，如果把全部數字放大，又容易給人雜亂的感覺。所以想強調數字時，請把希望讀者看見的數字放大，把單位縮小。幾月、幾日、星期幾也是一樣的道理，為了讓讀者聚焦於數字，把數字放大，把月、日、星期縮小。

　　單純只把文字放大沒有任何效果，而是要注意如何賦予文字強弱，強化讀者閱讀時的印象。

Before 全部的文字一樣大

先行計畫募集概要

■ 透過 4 大步驟及早培育實務技能

| Step1 開墾 改革意識 | Step2 播種 賦予動機 | Step3 施肥 強化基礎力 | Step4 收穫 強化實務力 |

■ 過去學員選擇的理由
第 1 名 實務化模式
第 2 名 講師的品質
第 3 名 豐富的角色扮演
〈其他答案〉
學員程度高
案例種類多
學習系統化方法論
講義容易理解
能取得資格認證

■ 過去學員的滿意度

90%滿意

非常滿意
滿意
不滿意

5月25日（五）開始募集　報名請見 http://www.doc.com

After 將「步驟」、「排名」、「數字」部分放大

先行計畫募集概要

■ 透過 4 大步驟及早培育實務技能

| Step1 **開墾** 改革意識 | Step2 **播種** 賦予動機 | Step3 **施肥** 強化基礎力 | Step4 **收穫** 強化實務力 |

■ 過去學員選擇的理由
第 1 名　實務化模式
第 2 名　講師的品質
第 3 名　豐富的角色扮演
〈其他答案〉
學員程度高
案例種類多
學習系統化方法論
講義容易理解
能取得資格認證

■ 過去學員的滿意度

90% 滿意

非常滿意
滿意
不滿意

5月25日（五）**開始募集**　報名請見 http://www.doc.com

07 指引② 靈活運用箭頭

◤ 控制箭頭的大小、長短、方向，進行引導

　　箭頭圖形除了用來連結要素與要素之外，還有其他許多種使用方式。當控制箭頭的粗細、長短時，就能表現不同的數量；當控制箭頭的指向時，就能表現不同的趨勢。如果只用來表現要素與要素之間的相關性，最好使用不醒目、細線條、帶有柔和顏色的箭頭；而如果是用來表現數量或趨勢，最好選擇醒目的顏色，才能吸引讀者目光。

　　那麼，讓我們一邊看Before的圖，一邊說明箭頭的使用方式吧！

①表現數量

　　在Before的圖中，以表格的方式另外記載了進出口金額，但其實這是可以用箭頭的粗細，直接表現這項金額。雖然也可以透過圖表來呈現，但透過箭頭既能表現數量、也能表現關係，沒有比它更好的表現方式。

②表現趨勢

　　在Before的圖中，右側的圖表乍看之下很難讀出想傳達的訊息。在After的圖中，使用了代表大趨勢的箭頭，引導視線，強化焦點。

③防止箭頭變形

　　改變箭頭的大小、長短時，前端的箭頭形狀容易變形。請統一箭柄的粗細與箭頭的大小吧！

　　除了上面所提的使用方法，也可以透過長短不一的箭頭，來表現期間或距離等概念。只要改變箭頭，就能輕鬆傳達你想說的訊息。

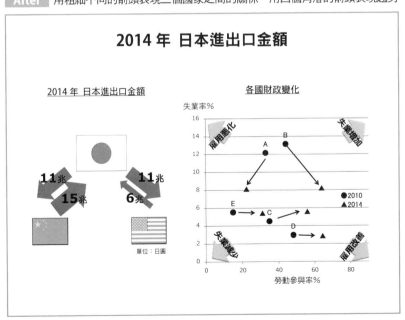

Before 看不出三個國家間的關係與圖表的意義

2014 年 日本進出口金額

2014 年 日本進出口金額

	對美國	對中國
出口	11兆	11兆
進口	6兆	15兆

單位：日圓

各國財政變化

失業率%

● 2010　▲ 2014

勞動參與率%

After 用粗細不同的箭頭表現三個國家之間的關係，用四個角落的箭頭表現趨勢

2014 年 日本進出口金額

2014 年 日本進出口金額

11兆　11兆

15兆　6兆

單位：日圓

各國財政變化

失業率%

雇用惡化　　　失業增加

● 2010　▲ 2014

失業減少　　　雇用改善

勞動參與率%

08 指引③ 以編號引導

◥ 指引閱讀順序，不再讓人迷惘

循環關係圖或業務流程索引圖等概念圖一旦變得複雜，會讓人分不清該以怎樣的順序瀏覽才好。這時，請在箭頭或圖形旁加上編號，如此一來就會變得一目了然。這個方法非常簡單，但卻很少人知道要這麼做，這是因為製作資料的人熟悉圖表的流程，自己看的時候當然不覺得有什麼問題，也認為讀者閱讀時不會有什麼順序的疑慮。如果想盡量減輕對方閱讀上的負擔，最好在同時混雜著好幾個流程走向的概念圖裡，標上號碼。

這裡所舉的例子主要是把焦點放在人與對應的技巧上，所以使用了循環圖，但如果內含更複雜的步驟或順序時，最好捨棄循環圖，改用業務流程索引圖，才能讓讀者看得一清二楚。業務流程索引圖是用來表現流程的圖，格式本身已經依照時間順序排列，所以即使不加註號碼，也能知道順序流程如何進行。要選擇怎樣的表現方式，端看你想強調的是登場人物的關係？還是步驟順序的流程？如果想透過不具時間概念的格式來表現先後順序，請記得要加上編號！

以循環圖表現 最好加上編號	以順序表現 不需要編號
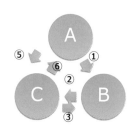	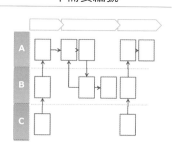

Before 看不出進行的順序

契約式的津貼申請流程

健檢、腦檢
受診者

①預約
受診（差額自負）
檢查結果

健檢、腦檢
契約醫療機關

津貼申請　津貼單
　　　　　發行

津貼單　支付津貼
請款

市

After 加上編號，不會看錯順序

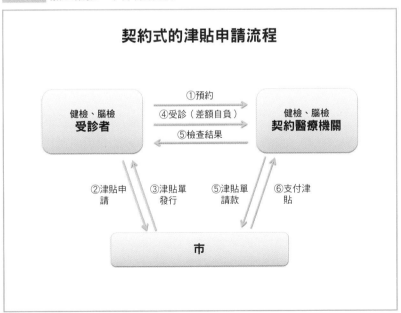

契約式的津貼申請流程

健檢、腦檢
受診者

①預約
④受診（差額自負）
⑤檢查結果

健檢、腦檢
契約醫療機關

②津貼申
　請

③津貼單
　發行

⑤津貼單
　請款

⑥支付津
　貼

市

09 指引④ 用灰階引導

◤ 有效利用黑白效果引導視線

　　當報告中的表現要素增加，或是要用好幾頁來說明的時候，最好能意識到「現在說的究竟是什麼」，以釐清現在的內容在整份報告中的定位。正在製作資料的人，大腦中隨時勾勒著明確的地圖，即使只看到中間的資料，也能馬上知道資料的內容；但如果是一開始接觸這份資料的人，或對這方面理解不深的人，則很容易陷入五里迷霧之中。

　　此刻，放入一個索引，就能有效解決這種情況。究竟該如何製作索引，我們先假設資料若是由每個步驟所構成時，現在處於哪個步驟，就在那個步驟上色，讓其他步驟呈現無彩色的黑色，做出強調的效果。也可以把索引放在每一頁報告的右上角，以索引標籤的方式呈現。有了索引，就知道接下來還有多少資料沒看，這對讀者來說，減輕不少心理負擔。雖然也可以用框線把索引框起來，但請盡量在省去多餘圖形的前提下，選擇讓索引呈現無彩色吧！

　　讓強調對象之外的要素以無彩色呈現的技巧，又稱為「灰階技法」，通常是指電腦應用程式操作畫面上不被選取的項目呈現淡灰色、不顯眼的狀態。製作簡報也是一樣的道理，把跟現在所提的內容無關的部分變成淡灰色，傳達出「這個灰色區塊不看也可以」的訊息；而在相關部分塗上顏色，強調「現在說的是這個」。

　　雖然也可以把現在所提的相關內容用大字、其他不相關內容用小字，但大小字的區別最常用來表現重要程度，為了避免混淆，還是建議用灰階的方式呈現。

Before 看不出架構集是在哪一頁

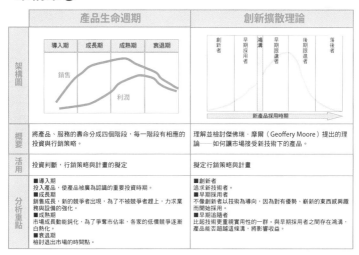

After 透過索引技巧，「標出」這一章節屬於全體的哪個部分

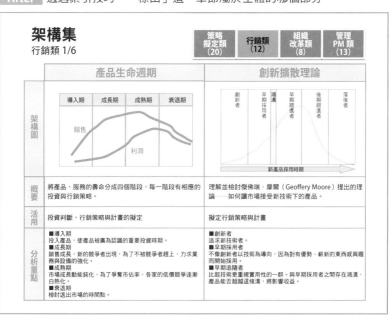

10
圖片①
透過相片呈現統一感

◤ 相片經過處理，才有效果

相片是能有效傳達真實感與印象的表現工具，但如果不經處理就放入簡報中，容易給人雜亂無章的感覺。處理相片並不難，所以建議大家使用相片前再多花一道工夫，才能讓報告有一致感。

接著，讓我們針對Before的圖中需要改善的點進行解說。

①統一尺寸

使用來源不同的各種相片時，長寬尺寸幾乎完全不同。而且還可能出現相片裡的主角非常小，一拉遠就會看不清的情況。這時，我們可以用影像處理功能裡的「裁切」來處理，如果是POWERPOINT，就用「圖片格式」裡的「裁切」，這項功能有辦法擷取出照片裡你需要的部分，讓所有相片尺寸維持一樣大小。

②統一方向

必須特別注意人像的臉部與視線焦點，因為讀者會下意識地隨著相片裡人物的視線跟著看。如果人物的臉是朝向投影片外的話，整張投影片就會給人散漫的印象。這時請使用「影像反轉」等技巧，讓人物的臉朝向投影片內部。

③統一色調

由於所有相片並不是預設會用在同一份資料的前提下拍出來的，所以其彩度、明度、深淺都不一致。如果你很在意這種狀態的話，可以使用「色彩變更」的功能。色彩變更功能不只能處理相片，也能處理小插圖，讓整體資料的色調有一致性。

Before 照片的長寬比例不一

不受挫的技巧

降低標準

- ✓ 1 天 30 秒
- ✓ 置身其中就覺得
  很棒

學習曲線

- ✓ 投入絕對時間
- ✓ 不垂頭喪氣
- ✓ 趁著興致學習

加注樂趣

- ✓ 憧憬的存在
- ✓ 給自己禮物
- ✓ 工作效率化

After 統一背景色。透過裁切，創造統一感

不受挫的技巧

降低標準

- ✓ 1 天 30 秒
- ✓ 置身其中就覺得
  很棒

學習曲線

- ✓ 投入絕對時間
- ✓ 不垂頭喪氣
- ✓ 趁著興致學習

加注樂趣

- ✓ 憧憬的存在
- ✓ 給自己禮物
- ✓ 工作效率化

11 圖片② 讓插畫、圖片擁有統一感！

◤ 拒絕品味不一的插圖，改用標誌圖

　　網路上充斥著許多小插圖以及免費素材，很多人都會拿來運用在自己的簡報。但要是你不假思索地就把來自各門各派的插圖貼在報告上，這樣不僅沒有統一感，還可能妨礙讀者理解報告內容。例如，在Before圖中的「行動」，使用了有背景的插圖，不只讓人覺得又小又擠，拿掉反而還比較好。

　　如果不想強調表現效果，而是著重於能否促進理解的話，我推薦使用標誌圖。所謂標誌圖，又被稱為「表情文字」或「圖形單字」，是一種用來表達訊息、喚起注意的視覺記號。標誌圖的底與圖只用了兩種顏色，並透過單純的圖像來表現想傳達的概念，對於語言不通、不識字的人來說，也能很快理解標誌圖的意義，所以常常使用於火車站、機場等公共空間裡（其中不乏如逃生口標誌、輪椅標誌、禁菸標誌等全球統一運用的標誌）。

　　近幾年，運用於商務溝通的標誌圖正逐年增加。此外，還出現了比標誌圖更寫實、卻更精簡的剪影圖。這些圖在不增加整體顏色的前提下，依舊能精準傳遞訊息。

標誌圖	剪影圖

Before 不同風格的圖像或插畫，給人散漫的印象

比較社群型與過去的電子商務

Attention 注目	Interest 興趣	Search 搜尋	Action 行動	Share 資訊共享

	Attention 注目	Interest 興趣	Search 搜尋	Action 行動	Share 資訊共享
過去型	商品搜尋 推薦 E DM	商品說明 使用者匿名評論	商品搜尋 匿名使用者的人氣商品排名	購買行動	匿名評論商品
社群型	商品搜尋 購買歷史資料 推薦 口碑	既有顧客發表於網站的商品說明因信賴、同好關係而評論 不同主題社群內的意見交換	非匿名使用者的人氣商品排名社群內的意見交換	購買行動 與朋友、同儕的團購行動	非匿名評論商品在社群內寫下評論

After 用標誌圖創造統一感

比較社群型與過去的電子商務

Attention 注目	Interest 興趣	Search 搜尋	Action 行動	Share 資訊共享

	Attention 注目	Interest 興趣	Search 搜尋	Action 行動	Share 資訊共享
過去型	商品搜尋 推薦 E DM	商品說明 使用者匿名評論	商品搜尋 匿名使用者的人氣商品排名	購買行動	匿名評論商品
社群型	商品搜尋 購買歷史資料 推薦 口碑	既有顧客發表於網站的商品說明因信賴、同好關係而評論 不同主題社群內的意見交換	非匿名使用者的人氣商品排名社群內的意見交換	購買行動 與朋友、同儕的團購行動	非匿名評論商品在社群內寫下評論

12 圖片③ 大圖會影響全體資料給人的印象

◥ 想透過相片傳遞形象時，試著放大相片吧！

　　想在標題頁使用圖片時，試著盡量放大，讓圖片佔滿整個版面，不留下空白吧。這是因為標題頁肩負著全體資料第一印象的角色，也能帶出具有衝擊性、吸引人注意的開頭。外商企管顧問公司的美國總公司傳來的常用固定格式中，標題頁大多都被一張照片佔滿，而且常選用能讓人聯想到任務的照片，或以山頂為目標的登山圖，來傳達企管顧問公司的服務形象。於標題頁使用圖片時，有幾點需要注意：

①選擇顏色

　　全彩的底圖，會讓標題文字無法突顯，所以必須把底圖顏色調成單一色調，例如藍色調，讓圖像不再是全彩，並且在挑選相片時，選擇背景單一無花色的相片。

②注意解析度

　　原圖的尺寸如果太小，放大後圖片會出現鋸齒狀。請先透過投影機確認圖片的解析度是否沒問題。

③圖片與版面尺寸不合時，單一整合長或寬

　　若圖片無法裁切成適合的尺寸時，就選擇好橫長或是縱寬其中一項來整合吧！

整合縱寬	整合橫長

Before 圖片意義不易彰顯

人才中心的經營變革
Please Feel our Reality

企業變革策略小組組長
山田太郎

After 變成令人印象深刻的投影片首頁

13 圖片④ 擷取畫面，增加真實感

◥ 用貨真價實的實物來加深印象

想在報告裡引用報章雜誌等媒體的報導時，別只放進報導文字，應該擷取報導畫面，一併貼在報告裡，這樣才更有真實感。接著圈出希望讀者注意的報導範圍，便能引導讀者的閱讀動線。報紙報導版面的大小，象徵著這個新聞受世人關注的程度，所以當報導版面愈大，愈能表現話題的可信度。另外，當報導被刊登於某本權威雜誌或書刊時，擷取雜誌封面也是另一種可行的作法。

而在使用應用程式提案或系統提案時，擷取畫面也是一種有效的方法。與其根據理論有條不紊地整理細部功能等相關內容，不如直接擷取電腦畫面，告訴讀者這個步驟會出現哪個畫面，功能與畫面會如何改變，運用場景又是如何，讓讀者感受真實操作的情況。不過，一堆過小的擷取畫面排在一起，也會給人凌亂擁擠的感覺，所以請選用幾個代表性畫面即可。

配合圖片的色調

透過
「圖片工具
→色彩」來整合
圖片的色調

※以Microsoft PowerPoint 2010版本為例

Before 單純的表格，無法傳遞真實感

媒體刊登實績（截至 2010 年）

年月	媒體	標題
2005.06	日經新聞	「挑戰現代醫學」
2005.10	日本產業新聞	「現在備受矚目的醫療器材」
2006.02	鑽石週刊	「預防醫療疏失」
2007.01	醫療業界月刊	「預測今年前十名普及機器」
2009.05	NHK	「專業的作風」──挑戰常識
2009.08	看護業界 Plus	「普遍的看護狀況」
2009.10	醫療業界月刊	「預防醫學指南」
2010.02	高齡化社會	「術後管理的重要性」
2010.06	寵物生活	「寵物的疾病」

After 擷取刊登內容與封面相片，傳遞真實感

媒體刊登實績

■ **實績**（截至 2010 年）　　　　■ **刊登範例**（2009 年 10 月刊登）

年月	媒體	標題
2005.06	日經新聞	「挑戰現代醫學」
2005.10	日本產業新聞	「現在備受矚目的醫療器材」
2006.02	鑽石週刊	「預防醫療疏失」
2007.01	醫療業界月刊	「預測今年前十名普及機器」
2009.05	NHK	「專業的作風」──挑戰常識
2009.08	看護業界 Plus	「普遍的看護狀況」
2009.10	醫療業界月刊	「預防醫學指南」
2010.02	高齡化社會	「術後管理的重要性」
2010.06	寵物生活	「寵物的疾病」

14　顏色
不靠感覺、而用理智選擇顏色

◤ 熟悉色調與漸層技巧

　　配色也需要「品味」，但在商業資料方面，最好別想藉此發揮自己的配色品味。基本上必須留意以下兩點：

①不要使用過多的顏色

②使用淺色調

　　顏色太多時，會讓人不知道資料該從哪裡看起。請將顏色最多控制在５種以內。假設想表現10個項目，請先將這10點大致區分成３大類，大分類用紅色系、藍色系、黃色系表現，而下面的小分類則透過漸層的方式，使用同色系的中間色或淺色調表現，嚴格控制用色的數量。

　　另外像是在希望讀者注意的地方塗色，其他地方用黑色或灰色等無彩色（灰階）的方式表現，也是減少色彩運用的一種方式。還有請使用無壓迫感的淺色調，雖然有人會用螢光色之類的高彩度顏色，但專業人士卻不會這麼做。從電腦選擇顏色時，可利用POWERPOINT、EXCEL與WORD所附的「調色盤」，能讓你輕易選出相同色調的顏色。

　　在Before的圖中，由於左側概念圖的色調不一，所以統一了色調；另外，也沒有必要放置醒目的箭頭，在After的圖中，將箭頭全部塗成灰色，並且讓右側的直條圖以漸層色與無彩色的方式呈現，將顏色量減到最少。選擇色調或運用漸層技巧時，必須去設定「調色盤」、「主題色」與「漸層」等功能。

Before 顏色深淺不一

Before 顏色深淺不一

媒體刊登實績

■ 主要功能、服務　　　　　　　■ 使用者

單位：
百萬人

60 世代～
50 世代
40 世代
30 世代
20 世代
10 世代

塗鴉牆

社群　　訊息

活動

2010 2011 2012 2013

After 色調統一。自然的閱讀動線

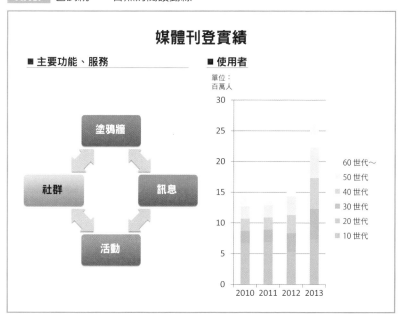

媒體刊登實績

■ 主要功能、服務　　　　　　　■ 使用者

單位：
百萬人

60 世代～
50 世代
40 世代
30 世代
20 世代
10 世代

塗鴉牆

社群　　訊息

活動

2010 2011 2012 2013

15 字體
易讀性與識別性的區分

◤ 字體能決定資料給人的印象

　　看過了圖解與視覺效果後，決定一份資料容不容易閱讀，關鍵還是在字體。請大家試著認識不同字體所擁有的不同特性吧！首先，要搞清楚什麼是「易讀性」與「識別性」。所謂易讀性，就是能讓人順暢閱讀的特性；所謂識別性，就是文字一看就懂的特性。如果是長篇文章，適合使用易讀性高的字體；如果是投影片這種必須從遠處閱讀的資料，則適合使用識別性高的字體。

　　接著來認識一下字體的特性。首先，中文字體大致可區分成「明體」與「黑體」兩大類。明體的縱向、橫向粗細不同，轉折處會出現三角狀的山形（邊角裝飾）。另一方面，黑體的縱向、橫向粗細幾乎一樣，轉折處不會出現邊角裝飾。西洋字體也大致區分成這兩大類。

　　使用識別性高的「黑體、San-serif體」，是製作投影片的基本原則。

字體的種類

［ 明體 ］

有邊角裝飾　字　細明體

字　華康明體

［ 襯線體 ］（ serif ）

T　Times　有邊角裝飾

G　Garamond

［ 黑體 ］

無邊角裝飾　字　微軟正黑體

字　華康黑體

［ 無襯線體 ］（ san-serif ）

A　Arial　無邊角裝飾

C　Corbel

Before 細明體的易讀性高，但不適合用於簡報

管理人才輔導計畫

輔導目的

・第二代培育指導
・確實傳承給第二代的重要知識與技術

計畫概要

> 相較於男性員工，女性員工在公司內部的學習榜樣比較少，所以接受女性員工業務報告的主管，必須對每位女性員工進行長期的職涯指導。

> 工作上上司與部署的關係，是由執行日常業務命令與針對結果評價所構成，雖然希望馬上有成果，但指導者與被指導者之間一直維持著無懲處關係的狀態。

> 鼓勵工作上上司與部屬維持指導與被指導的關係，最終獲利的將是被指導者本人與所屬主管。

After 字體變更成「識別性」字體，即使加粗仍易於辨識

管理人才輔導計畫

輔導目的

・第二代培育指導
・確實傳承給第二代的重要知識與技術

計畫概要

> 相較於男性員工，女性員工在公司內部的學習榜樣比較少，所以接受女性員工業務報告的主管，必須對每位女性員工進行長期的職涯指導。

> 工作上上司與部署的關係，是由執行日常業務命令與針對結果評價所構成，雖然希望馬上有成果，但指導者與被指導者之間一直維持著無懲處關係的狀態。

> 鼓勵工作上上司與部屬維持指導與被指導的關係，最終獲利的將是被指導者本人與所屬主管。

能否做出「殺手圖表」是成功的關鍵

　　大家聽過「殺手圖表」這個名詞嗎？所謂圖表，就是指概念圖、表格之類的東西，而殺手圖表，則是能左右專案命運的重要圖表。

　　舉例來說，如果相關人士總覺得應該要這樣，我們就能把這個想法化為清楚明瞭、令人印象深刻的數字化圖表，再根據這個圖表去調整策略的方向，成為影響決策的關鍵。企劃書中備受矚目的概念說明圖就是一種殺手圖表，而事業的使命與願景圖，或是新興服務的概念圖，也都屬於殺手圖表的範疇。

　　也就是說，能清楚勾勒現狀與未來，讓人看了之後會採取進一步行動的圖表，就是殺手圖表。它有時會引發眾人議論，有時也會鼓舞相關人員的士氣。總之殺手圖表能讓自己與相關人員都留下深刻的印象。

　　大家曾經製作過殺手圖表嗎？如果沒有的話，請一定要「使出渾身解數」試著挑戰一下！比起一大堆基於「總之先畫再說」的想法而畫的圖表，殺手圖表需要花費更多的精力與實力，並從中刺激你去反思：

　　—如何只用一張圖表示現狀？

　　—如何把錯綜複雜的東西變得單純簡單？

　　—如何讓大家產生「試著做做看吧！」的想法？

　　換個角度來說，如果你覺得張數不夠多、無法精準傳達訊息時，可能代表著你仍未看清事物的本質。

　　如果本書能助大家一臂之力製作出殺手圖表，將是我最大的榮幸。

Chapter

【基本】

「製作」資料前的準備工作

01 別貿然開始製作資料

◥ 最初要透過這份資料傳達什麼？

　　身為外商企管顧問，同時也是簡報製作研習講師的我，修改過許多人製作的資料，真切感受到不易理解的資料問題往往出現在圖解之前。雖然本書主要圍繞著Before和After的圖解進行說明，但不管再怎麼提升圖解技巧，如果訊息本身與全體架構出了問題，就很難做出一份言之有物的資料。不易理解的資料有以下幾個特徵：

①訊息未定
②邏輯有問題
③整體架構有問題
④沒寫出必要事項

　　上面這幾個特徵的開頭，全都可以加上「一開始」這幾個字。如果一開始訊息、邏輯與架構都還沒確定，就急著磨練圖表與概念圖的製作技巧，不管再怎麼熟稔這些技巧，不僅做不出有意義的資料，也會白白浪費致力於美化報告的自己與試圖理解資料的對方的時間。

①訊息未定的解決對策
　　我在指導簡報製作研習營的學員或部下時，都會對他們說：「請先把電腦關起來，用紙筆將簡報的目的和想要傳達的訊息列出來。」一旦進入手寫作業，格式將不受任何拘束，就能集中心力思考訊息的本質。別太過度依賴圖表或概念圖，先試著把想傳達的訊息寫下來吧！直到訊息寫出來之前，都不能把電腦打開。

②邏輯有問題的解決對策

所謂**邏輯**，就是傳遞訊息之道。依對方來說容易理解的內容，當然需要具備一定的說服力。舉例來說，改善對策的提案資料乍看之下很有邏輯，但內容如果以「應該做○○○○」等，以檢討對方缺失的方式開始，就很難讓對方心甘情願地付諸行動改善。提出改善對策時，讓對方打心底接受建議的邏輯論述是很重要的，也就是先讓對方認同應該達成的目標，產生「如果能變成這樣，真是令人欣慰」的動機。所謂的邏輯，並不是自以為言之有理，強行使言論正當化。比起說服力，更重要的是去考慮對方的心情，如何讓對方心服口服地做出改變。

③整體架構有問題的解決對策

即使看了封面頁的標題以及目錄，對方很可能還是丈二金剛摸不著頭緒，腦中浮現：「這份資料究竟在說些什麼呀？」的疑問。好不容易想出一套很棒的論述邏輯，如果這套邏輯無法具體化，就無法讓對方理解其中脈絡。構築整份資料時必須注意到，整體和一部分的關係是否一目了然。要想做出清楚明瞭的架構，請先假想對方的大腦裡是一整櫃的書架，書架上收納著各式各樣的資料，而足以代表每份資料的，就是它的標題。但如果標題難以理解、而且必須花時間去消化，就會沒時間去細思內容的精髓了。

④沒寫出必要事項

資料中一定要列出來的，就是所謂的「必要條件」。舉例來說，一份調查報告書中，調查目的、對象範圍、調查方法、調查結果、心得啟發等等，都是必要條件。你也許會覺得這些事項本來就會出現在調查報告裡了，但其實有許多報告書的分析結果中，都沒有寫到調查結果所帶來的「啟發」。同樣地，有些提案書裡也會不斷將文字著墨於各種危機感，對於產生的利益卻隻字不提，這也不在少數。

02 寫出訊息大綱

◥ 訊息＝主張與根據（因為 A，所以應該做 B）

　　大家在製作投影片時，會寫出訊息大綱嗎？所謂訊息大綱，就是投影片標題下方的那 2 ～ 3 行的文字，用來說明這張投影片主要想傳遞的訊息。儘管訊息大綱是如此的重要，但很多人都略過不寫，或即便寫了，也常常會和Before的例子一樣，寫著「如下所示」這種寫不寫都毫無影響的文字，或是「進行了業界分析」這種單純只把做過的事情列出來的事項。如果是以口頭說明為主的簡報，就另當別論，但若是想讓對方閱讀理解的平面資料，就必須要有訊息大綱。因為訊息大綱能防止讀者產生誤解。此外，平時也要養成寫訊息大綱的習慣，可以防止「以為貼上圖表代表工作結束、不需要去思考了」的狀況發生。

　　我常常會聽到「訊息等於是想傳遞的資訊」此一說法，但嚴格說起來還不只如此。所謂訊息，必須具備「主張」與「根據」兩大要素。所謂主張，就是「應該做〇〇〇〇──」；所謂根據，就是「因為──」等理由。當兩者都沒有出現時，等於邏輯不通，容易讓對方陷入「不知道在說什麼」的疑惑中。

　　像「如下所示」的這段文字，既沒有主張，也同時放棄去說明從圖表中判讀到的根據。雖然有些實例會直接陳述「競爭者市佔率倍增」等根據，但我們可以以此根據，提出「應該重新檢討公司的市場區隔策略」等主張與意見。除了將自己從數據中判讀、觀察到的心得加進資料，更進一步整理出「所以就應該要做〇〇〇〇」的結論。而這也是在精通圖解技巧之前，做出高附加價值資料的起點。

Before 沒有主張與根據，只用「如下所示」來表示是錯的

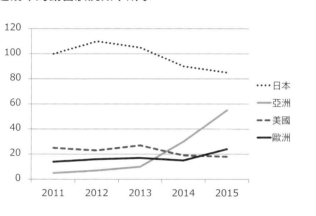

A 商品在不同地區的銷售額

· **這幾年的銷售狀況如下所示。**

After 要有「應該做○○──」（主張）和圖表說明（根據）

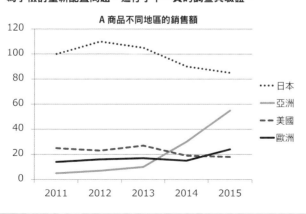

經營資源重新配置的檢討依據

· 日本的銷售線，有重蹈過去歐洲銷售線走勢的傾向，預測今後會步入
  衰退，所以應該檢討經營資源如何重新配置等問題。
· 為了檢討重新配置問題，進行了下一頁的調查與驗證。

03 試著思考這是應該傳達的訊息嗎？

◤ What in it for me ？（它對我來說是什麼？）

在某個培育新聞從業人員的課堂上，有份針對以下的報導，要求寫出以學生為對象的介紹文標題的作業。大家不妨也一起想想看吧！

「A大學的山田校長昨天發佈了以下訊息：下星期四，敝大學全體教師要參加新教育方法研習營。研習營將邀請人類學者權威B博士、最新教育方法開發者C先生蒞臨演講。」

學員想出來的標題，十之八九都圍繞在「教師研習營將有精彩演講」的話題上打轉，然而很可惜的是，全體學員都答錯了。其實，正確的標題應為「下星期四學校休假」這個答案。如果說明的對象是教師，理應要傳達演講內容等資訊；但說明的對象是學生，比起研習營的上課內容、授課單位，能不能進出學校等問題，才是對學生來說有意義的資訊。

你曾問過自己「What in it for me?」這個問題嗎？直譯的意思就是「這其中是否有對我有意義的東西？」，也可以縮寫成WIIFM。請在大腦中想像一下要跟對方說明一件事情時，對方問：「這件事跟我有什麼關係？」的場景吧！

你：「……年……月將進行系統維護」

對方：「那對我而言有什麼影響？」

你：「就是那一天A系統無法運作的意思」

對方：「什麼！那一天無法進行採購作業？你應該一開始就這麼跟我說呀！」

如果不知道應該在報告裡寫些什麼時，請在大腦中模擬對方與你針對「What in it for me？」所展開的對話，答案就會清楚浮現了。

系統維護通知

致管理部門同仁

系統部開發運用 1 課

懇請協助系統維護相關事宜。

目的
　　①因應 2010 年所指出的風險
　　②提升採購業務的回應速度
　　③定期備份資料
　　④隨著辦公室配置變更進行網路配線變更

日期：6 月 10 ～ 11 日

對象系統：艾爾發 A503 業務系統
對象網路：上野事業所 2-3F
　　　　　　註：11 日無法進出上野事務所 2-3F

詳細請洽：開發運用 1 課　田中
tanaka@it.so.jp

After 訊息聚焦於系統與辦公室的資訊

採購系統暫停運作與辦公室關閉期間的通知

致管理部門同仁

系統部開發運用 1 課

因應系統維護與辦公室配置變更，懇請配合下列期間的系統與辦
公室關閉。

日期	時間	對象
6 月 10 日	17:00-25:00	採購系統
6 月 11 日	9:00-21:00	上野事業所 2-3F

-10 日當天的採購資料處理時間如下：
　　15:00 前輸入：隔天早上處理
　　17:00 前輸入：隔天的隔天處理

-11 日當天無法進出該樓層，東西請於前一天收好帶回。

詳細請洽：開發運用 1 課　田中
tanaka@it.so.jp

04 篩選出該寫的必要條件

◤ 內容有回答到問題嗎？

在寫失誤或業務報告書時，首先要知道哪些是非寫不可的內容，換句話說，必須確定清楚這份資料的必要條件。如果一份資料中沒有記載必要條件，不管讀者再怎麼推敲思索，也是浪費時間。舉例來說，失誤報告書至少要包含「事實」、「原因」、「對策」這３大要素。思考必要條件時，先從對方可能會提出的「問題」來找答案！

問題		要件
「發生了什麼事？」	→	事實
「為什麼會發生這件事？」	→	原因
「然後，該怎麼辦？」	→	對策

像這樣事先預想對方會提出的問題以及對策，就能避免當對方真的提問時，才突然要思考：「該怎麼辦？」的倉皇失措狀態發生了。

確定了必要條件之後，接著思考能重整每個要件脈絡的「主軸」在哪裡。這一階段，請一定要活用「架構」這個技巧。從這裡所舉的例子來看，就是透過「5W1H」的架構來整理事實。劃分原因的主軸會隨著業務內容的不同而改變，舉例來說，如果是行銷調查業務，「４P（Product產品，Price價格，Promotion促銷，Place通路）」架構就經常用來劃分原因，是有力的主軸選項之一。

哲學家帕斯卡曾說：「因為沒有足夠時間，所以寫了長篇大論。」不假思索就提筆疾書，很容易寫出落落長的文章，並且出現主觀與事實混淆不清的狀況。如果不確認清楚寫法，就無法為資料的可信度擔保。舉例來說，寫在報告裡的對策，不應該是「要小心○○」這種主觀的文字，而是預防再次發生所應做的具體動作。根據主軸整理資料時，請分清楚所寫的內容究竟是事實？還是自己感性的意見？

Before 內容不經整理，回覆又相當主觀

過失報告書

2015 年 4 月 22 日 會計 2 課 山田太郎

■ 緣由與錯誤發生概要
員工並未徹底熟悉 2015 年的新制度，所以對所負責的 5 家公司中的 A 公司，3 月份的請款作業出現金額錯誤的情況。錯誤的金額直接匯了進來，必須要有因應對策。

對方窗口也換成新人擔任，沒注意到問題，直接放任錯誤的狀況發生。對方主張已按請款金額付款，錯不在己。

■ 今後的因應對策
首先，徹底讓大家記住新制度的作法。不管是我們還是對方，都習慣一直以來的制度，所以的確出現確認不足的狀況，今後需要加小心。
計畫向對方道歉，並拜託對方更正下個月的付款金額。

After 根據問題，整理出過失、原因與因應對策

過失報告書

2015 年 4 月 22 日 會計 2 課 山田太郎

過失內容	發生日期	4 月 20 日	
	負責人員	會計 2 課 山田太郎	
	關係者	A 公司 總務部 木村先生	
	關係業務	請款單發行 負責 5 家公司中的 A 公司	
	過失內容	請款金額錯誤（正確：350 萬日圓 錯誤：400 萬日圓）	
原因	人	對方窗口換新人擔任	
	過程	新年度制度變更，確認不足	
	工具	計算公式沒記載新制度	
對策與預防再發生	對策	向對方賠罪，修正下個月的處理方式	鈴木課長、山田
	預防再發生	①計算公式要顯示計算規則	田中
		②建立重複確認體制	田中
		③向對方再次徹底宣傳更改後的新制度	山田

05 清楚告知對方如何行動

◤ 能否迅速採取下一步行動？

年輕的企管顧問人員剛開始接觸這份工作時，多半會被要求撰寫會議紀錄。我自己也是，接觸這個業界、參與專案的第一份工作，就是撰寫會議紀錄。即使對業界或業務內容不熟，仍有能做好會議紀錄的技巧，就是：刻意標示出論點與立場。若沒做到，會議紀錄就會變成是根據目的衍生而出的發言錄或逐字稿了。

因此，在會議主題方面，「關於〇〇商品」這樣的主題是不行的，要另有論點，像是「檢討〇〇商品進入市場的條件」這類在主題上就表現出希望大家討論、決定的議題。所以議題可否成為正式論點，端看議題可否變化成問句形式。「關於〇〇商品」若變成問句「〇〇商品是什麼？」則屬於詞不達意的議題；而「〇〇商品進入市場的條件是什麼？」議題就非常清楚明瞭，讓我們具體知道該討論的內容。會議紀錄就是根據這樣的論點整理自己的發言，並書寫結論。即使沒與會的人士，也能根據會議紀錄，清楚知道討論的內容與結果了。

最後，會議紀錄最重要的就是速度。會議結束後，如果過了好幾天才收到會議紀錄，不僅當天的記憶模糊，還要花時間才能想起整段議論的前因後果，更嚴重的是，會拖延相關人員採取行動的進度。最理想的速度莫過於舉行會議的當天、或是最晚隔天早上寄出會議紀錄。速度是影響所有簡報製作最重要的因素之一，即使資料內容一樣，早點收到資料，也能提高這份資料的價值感。為了迅速製作出會議紀錄，請事先準備好印有議題、參加者、論點等事項的表格。另外，會議紀錄中最重要的就是「To-Do待辦事項」，藉由在寶貴的會議時間中決定，並記錄下要由誰、在何時之前、該做什麼等事項後，進而確認是否具有可行性，正是會議紀錄的重要任務。

Before 只有記錄發言，結果不明確

新商品會議紀錄

時間	2015 年 4 月 20 日（一）15:00-16:00
場地	42 樓 A 會議室
出席者	行銷企劃 S 先生、商品企劃 F 先生、宣傳負責人 G 先生、公關部 T 先生、A 廣告代理商 Y 先生、D 先生
資料	新商品推廣企劃書（G 先生） 競爭商品調查報告書（F 先生）

會議內容
■ 關於新商品（商品企劃部 F 先生）
（F 先生）新商品規格說明。特徵方面，新商品能滿足 O 公司與 G 公司的需求，截至目前為止，是拓展性最佳的商品。
（D 先生）安全對策又是如何呢？
（F 先生）安全對策根據一直以來的標準進行
■ 關於新商品推廣（G 先生）
（G 先生）推廣訴求在於：規格很高，卻比市面上同規格商品的訂價還低。
（D 先生）好像不太能感受到價格的差異
（S 先生）如何下新聞稿的標題？
（T 先生）預計強調「拓展性高達過去的 3 倍」
（S 先生）希望確認整合性
■ 今後計劃
請參照附加的「To-Do 待辦事項列表」
下次會議
2015 年 4 月 27 日（一）13:00-14:00

After 用「To-Do」表現待辦事項，結果明確。

新商品推廣計畫檢討會議紀錄

時間	2015 年 4 月 20 日（一）15:00-16:00
場地	42 樓 A 會議室
出席者	行銷企劃 S 先生、商品企劃 F 先生、宣傳負責人 G 先生、公關部 T 先生、A 廣告代理商 Y 先生、D 先生
議題	同意新商品訴求重點（商品企劃 F 先生） 確定全體推廣計畫（行銷企劃 S 先生）

會議內容
■ 新商品的訴求重點
‧ 在拓展性是過去 3 倍的基礎下，打出價格差異（決議）

■ 全體推廣計畫
同意依循下列時間進行
‧ 新聞稿　　6 月 1 日
‧ 廣告　　　6 月 2 日
‧ 店頭促銷 6 月 15 日從旗艦店開始依序展開

■ To-Do 待辦事項

No	待辦事項	負責人員	日期
1	全體推廣計畫的書面化與核准	行銷 S 先生	4/23
2	撰寫新聞稿	公關 T 先生	4/26
3	製作店頭展示機模型	商品 F 先生	5/10
4	製作廣告創意方案	宣傳 G 先生、A 公司 Y 先生	4/27

■ 下次會議
2015 年 4 月 27 日（一）13:00-14:00

06 用標題頁吸引注意

◥ 即使花錢、花時間也想看？

由於在工作、研習營上看過許多員工或學員製作的資料，養成我一看到資料的標題就知道這份資料是好還是壞的功力。尤其是企劃書或提案書，當標題都讓人完全無法想像內容，再加上拙劣的陳述手法，可能會使對方連看都不看就丟到一旁。就像這裡所舉的例子一樣，「關於○○」這類的標題，對方剛開始接觸時會不知道這是份什麼資料，當然很難引起興趣。因此思考標題的時候，有一件事必須注意，那就是「這樣的標題能否讓對方產生即使花時間也想一窺的念頭」。為此，關於製作封面的標題時，請檢視以下3點：

①論點是什麼？

所謂論點，就是資料所陳述的重點。論點會出現在會議紀錄的事項內，或是透過「什麼是○○？」的問句形式來表現論點。問句能吸引對方的興趣，會讓人產生想趕緊往下閱讀、找出問句答案的效果。

②利益在哪裡？

請在標題中明確告訴閱讀資料的人：這份資料有什麼魅力、能解決怎樣的問題。別再使用「最佳的」、「迅速地」這一類定義模糊的形容詞或副詞，而是改用「縮短1/3的時間」這一類嵌入具體數字的句子，更能提高標題的訴求力。

③自己的頭銜

如果對方完全不認識你的話，這一點尤其重要。即使是製作公司內部的資料，也要寫上部門名稱與負責業務。另外，你若擁有跟資料相關的證照或頭銜，最好也寫在封面上。一旦對方對你產生興趣，當然就會特別看待這份資料了。

Before 不夠具體，不知道是企劃書？還是報告書？

關於新進員工的研習

人事部人才開發課 山田

&
create

After 非常具體。副標題也引人產生興趣

2017 年度
新進員工培育專案
執行企劃書

實現初期自律的 3 大策略是？

2015 年 6 月 20 日
人事部人才開發課 山田

&
create

07 透過目錄，讓對方在大腦中描繪地圖

▍是否勾勒出整體資料地圖？

語焉不詳的資料，問題點不僅是在每一張投影片的表現上，整體架構也普遍都有問題的特徵。目錄頁是能讓讀者把握整體架構的重要頁面，但我看過很多資料都缺少了目錄頁。

目錄就像是整份資料的地圖。一開始不給對方看地圖就貿然開始說明、請對方閱讀資料，只會讓人搞不清楚眼前的路要經過哪裡、又會抵達哪個目的地，徒增慌張茫然的壓力感。不想給對方如陷五里迷霧之感，就應該提供對方一份一看就懂的地圖，也就是目錄。

製作目錄時，希望大家注意到「層級感的一致性」這個問題。舉例來說，在製作「1. 現狀分析、2. 業務流程圖、3. 檢討對策」的目錄時，1與3屬於同一層級，而2的業務流程圖則跟它們不同。因為現狀分析與檢討對策同屬於「行動」，層級上是一致的；而業務流程圖只不過是圖表的名稱，層級上大不相同。若是改成「1. 現狀分析、2. 萃取課題、3. 檢討對策」，那麼不僅層級出現了一致性，資料的脈絡也變得清楚可見。目錄的項目並不是由圖表或概念圖的標題等層級不一的資料拼湊而成，而是為了製作出整份資料的地圖所勾勒出來的架構，目的是讓資料的邏輯走向明確。

如果資料份量不多，目錄的項目數大約只有3～5個左右，用條列式書寫就OK了，但如果是厚厚一疊資料，就必須花心思有系統地整理目錄，讓讀者能看懂個別資料與全體資料間的關係。有一種方式是以「1-1，1-2，1-3，2-1，2-2...」等結構化方式編列項目號碼，就像After的圖一樣，以圖解的方式呈現，所有項目的關係一目了然，馬上就能在大腦中描繪出地圖。若項目數超過5個以上，就不容易在大腦中描繪出相關地圖，遇到這種情況，請試著挑戰用圖解的方式呈現。

Before 看不出整體資料與個別資料的關係

今日的報告 目錄

1. 現在的課題
2. 商品問卷調查結果
3. 品項別競爭分析
4. 價格反應調查結果
5. 店鋪狀況調查
6. 區域別暢銷商品
7. 貨架配置調查
8. 促銷執行成效
9. 年齡別認知度
10. 媒體別調查
11. 解決對策

After 透過圖形，注意到整體觀念與個別定位

現狀分析報告書

A. 現在的課題

B-1. 商品 商品評價
| 問卷調查 | 品項別競爭分析 | 價格反應調查 |

B-2. 通路 通路評價
| 店鋪狀況調查 | 區域別暢銷商品調查 | 貨架配置調查 |

B-3. 促銷 廣告評價
| 促銷效果實測 | 年齡別認知度 | 媒體別調查 |

C. 解決對策

---

08 採用適合斜著讀的標題吧！

◤ 你有為忙到沒時間的對方著想嗎？

　　不易理解的資料還有另一個特徵，那就是很難從封面、目錄或每頁的標題推估實際的內容。最典型的例子，莫過於以「○○分析」等把做過的事拿來當標題的資料了。因為對方即使看了這個標題，還是不知道「分析的結果是什麼？想傳達的究竟是什麼？」只是徒增心理壓力。如果能為標題或主題添加「Plus Alpha（附加價值）」，就能讓對方在閱讀之前，先從標題、主題推測可能是提及哪一方面的內容，進而加速理解的速度。從事知識生產的你，最好也經常意識自己的附加價值在哪裡。

　　以分析等行為當成標題或主題的主架構，再加入想傳遞的訊息、特徵與啟發等附加價值元素，就能讓一個標題或主題變得更完整。就像After的例子一樣，直接將現狀分析與集體研討的結果呈現在讀者眼前。而Before的目錄，只傳遞出「試著進行各種分析」的訊息，不像After的例子可以從標題推測出這份報告想傳遞的分析結果。別再存有做出圖表就能交差的心態，應該更深入去思考是否需要再多花一道工夫，做出更有意義的資料，對自己來說也更有意義性存在。

　　如果閱讀資料者與製作資料者之間共享了某些資料，那麼也許只要「○○分析」這個標題，也能讓對方從中推測出內容了。然而，事實是現代的商務人士無時無刻都受到爆炸般的資訊洗禮，所以在這之中若出現能讓人短時間就理解的資料，自然會感受到它的價值。大家可以參考新聞的標題或跑馬燈，在視線觸及的瞬間，有些會給人資訊過剩的感覺；但大部分都能讓觀眾在看到的瞬間就理解新聞的精華。報紙或網路新聞的標題大約都在13個字以內，電視的跑馬燈大約是15～20個字。一份資料的標題或主題最好控制16個字左右。

Before 只傳達了「進行各項分析」的訊息

目錄

1. 業界概要

2. 銷售分析

3. 店舖利潤分析

4. 近年組織圖比較

5. 不同流程的成本分析結果

After 能具體想像分析與集體研討等的結果

連鎖店展店調查 目錄

1. 現狀分析
　　①市場上前 5 大的變遷
　　②每家公司銷售額與管銷費的差異

2. 集體研討
　　①店舖的不良資產化
　　②組織構造的弊病
　　③不同流程的機會成本

09 寫出讓人想採取行動的內容

◤ 你想過如何使對方願意採取行動嗎？

　　希望對方接受你的請託時，請把握 3 大重點：「讓對方同意你的請託理由」、「提供充足的資訊讓對方判斷是否接受請託」、「為對方著想，讓對方欣然接受」。那麼先以Before案例中的錯誤來解說吧！

①請託的理由不明

　　「為什麼我會被委以重任？」這個理由是不明確的。對方可能接受了來自各方的類似請託，如果無法理解為什麼應該接受的理由，很可能會直接拒絕。

②無法對企業或負責人產生共鳴

　　Before的例子中，看不出提出請託的單位從事哪方面的業務。讓對方產生共鳴，將是影響對方接受請託的關鍵，所以必須去展現我們（敝公司）所設定的目標，讓對方對我們的業務方向產生共鳴。

③判斷資訊不足

　　並沒有將具體的演講條件明確列出。某些條件一列出來，對方就知道沒有檢討的必要性，所以請清楚列出條件，別浪費彼此時間。

④表現方式引發誤解

　　「令人期待」的字眼，通常適用於平輩、晚輩或下屬等，所以這樣的表現方式很可能會讓對方覺得不悅。必須依據與對方的關係來改變表現方式。

　　如果不注意以上這幾點，只是一味地花心思在圖解技巧的細節變化上，一樣會功虧一簣。不僅請託時需要理由（根據）、產生共鳴、判斷資訊與為人著想，提案、企劃時也一樣需要。製作資料前，請設身處地思考對方可能會有哪些想法吧！

Before 看不出請託的理由與判斷的依據，只好遲遲不回

主旨：演講請託

　我是○○股份有限公司商品企劃部的山田。

　最近敝公司要舉辦研討會，想邀請您談談您熟悉的環境議題，所以冒昧主動與您聯絡。

　如果您有興趣，請不吝與我連繫，我會再送上詳細企劃給您過目。

　您的新作《今後的環保趨勢》也非常令人期待。

After 能做為判斷的依據收集齊全，感受到請託者的貼心設想

主旨：演講請託

　我是○○股份有限公司商品企劃部的山田。很抱歉突然叨擾，因為拜讀您的作品後，希望能邀請您來演講，所以冒昧與您聯絡。

　最近敝公司為了提升環保系列商品的認知度，將舉辦環境問題研討會。因此，想拜託活躍於這個領域的鈴木先生蒞臨演講。演講條件如下，還請您撥冗考慮。

1. 主題：相關環境議題
2. 時間：○○○○年○月○日 10:00-11:00
3. 會場：○○中心 大禮堂 東京都○○區○○ 1-2-3（最近地鐵站：
　　　　半藏門站）
4. 謝酬：○日圓

　往年，這樣的演講都有超過 1000 名以上的聽眾參加。詳細會再根據與您討論後的結果決定。請您考慮是否能蒞臨演講，並希望能回信告知結果，謝謝。

　我也衷心期盼能看到您的新作《今後的環保趨勢》。

---

10 做好準備，讓決策一次 OK

◤ 你是否做足了準備讓大家馬上下決定？

　　希望對方做出決定的時候，要事先消除對方的疑問，或把能夠剷除的問題先剷除乾淨，就不會出現不必要的疑慮。幫對方把各種條件放進選項裡，成為對方決策的依據，也能省去對方思考或回應時的麻煩。別問對方「該怎麼做？」這種莫衷一是的問題，最好以「有A、B、C這三種選擇，我推薦A，理由是○○。要不要朝這個方向做做看呢？」等方式提示對方，讓對方更容易做出回應。

　　而這種手法，又稱為完美幕僚法（completed staff work），主要是以能盡量縮短上司核准案件的時間，讓工作完美落幕，也是一種被美國軍隊採用的思考模式。應用此手法之前，請準備包含最佳策略在內的幾個選項，甚至是最極端的作法，並透過事先規劃，讓對方能馬上回答Yes或No。

　　那麼，讓我們看看Before的例子中有哪些缺失吧！首先第1點，變更的理由與舉辦緊急會議的理由不明。第2點，沒有為要請託的議題列出選項，像日期、場所等必須請大家事先調整的事情，應該列成選項供人選擇。因為對方無法從所列出的單薄資訊中去決定該在何時何地舉辦會議，也無從得知相關人員的反應。而且，件名沿用以前的郵件標題，也無法從中看出事件的端倪。所以首先必須找出資料中對方可能會提出「為什麼？」的部分。當然，任何文書資料都要清楚設定好目的，如果今天的目的是「迅速集合所有重要關係人，透過會議來表決」，就應該在資料裡提示會議的目的與討論的方式，讓必須與會的人確實都能撥空參加，並通過協商決議。事先做好準備與調整，讓對方花最少的精力下決定，是著手製作資料前應具備的心態。

Before 太多的不明之處與調整事項，需要再詢問

主旨：Re：傳送 11 月 10 日例會的會議紀錄

由於必須變更基礎軟體，所以冒昧容我跟大家協商一下變更事宜。

懇請貴公司相關專案成員協助抽空參加，謝謝。

· 協商內容
  關於基礎軟體的變更

· 協商時間
  請告知您方便的時間

· 協商場所
  貴公司或敝公司擇一處舉辦

After 具備齊全的資訊與選項

主旨：【請協助調整】基礎軟體緊急會議
必須緊急協商組織採用的基礎軟體等相關問題，所以想請貴公司相關專案人員協助調整。

1 請託理由
①基礎軟體變更理由
　　之前計畫採用 A 公司製的基礎軟體，但 A 公司發佈了此款軟體存在重大缺陷的公告，
所以必須變更原定計畫。
②舉行緊急協商會議的理由
　　從 7 月的開發階段開始之前，必須儘早決定替代軟體，所以必須在下次例會前決定。

2 協商目的
　決定替代軟體。
　公司與 E 公司的商品是候補選項之一，同信附上兩家軟體的比較檢討結果，請大家事先
過目內容。

3 緊急會議時間
　請貴公司人員從下面選出方便參加的時間，謝謝。
　　　　5 月 15 日（五）13:00 ～ 17:00
　　　　5 月 19 日（二）13:00 ～ 17:00

4 緊急會議場所
兩天都已預定了第 3 會議室的場地。

如有不明之處，或有難以調整之處，請與○○聯絡。

---

11 別責備對方，而是說服對方

◥ 能否隨意轉換立場展開論述？

　　所謂說服，就是讓對方同意從某種狀態變成另一種狀態所付諸的行動。如果只是「讓我們做○○吧！」，這並未達到讓對方理解為什麼要採取行動的程度。如果不能讓對方認同為什麼非得朝這種狀態改變不可的理由，就變成單純的強迫事件了。或許有人會認為Before例子中的文章太過極端，但其實不少想法主觀的人都會寫出這樣的文章。那麼，讓我們看看有哪些需要改善的地方吧！

　　1.沒有表現出「該有的姿態」

　　2.解讀「問題」的方法過於武斷

　　3.不了解對方的觀點、立場，只以自我觀點來構築理論

　　4.雖然提及相關人員的言論，但缺乏可信度

　　5.「如果不再考慮一下的話……」這樣的說法像是威脅

　　來看看After例子的特徵：

　　1.表現「該有的姿態」，在乎專案計畫是否成功

　　2.「問題」不是「不夠格當負責人」，而是拔擢方法的設定

　　3.理解部長的觀點、公司的觀點後所發展的言論

　　4.列舉高階職員們也有相同意見，可信度高

　　5.充分展現想互相理解的態度，並提出替代方案

　　看到這裡，你是不是了解到一份能說服人的文章，除了要具備該有的姿態、看待問題的視角，也必須隨之轉換以展開論述呢？以自己的觀點展開論述，不僅無法說服他人，也可能讓自己失去信賴。想說服的事情愈複雜、愈困難，就更應該以高於對方的觀點來展開論述，才能讓視野變得宏觀。

Before 完全是責備人的口吻

主旨：鈴木先生事件

山田部長

　在您百忙之中聯絡，甚感抱歉。關於下週發佈的人事命令，我抱著坐立難安的心情寄出這封信給您。

　究竟為什麼鈴木先生會擔任新興服務推展計畫的負責人呢？能擔當此責的，想當然耳，要擁有推展新興服務方面的知識與技術。而鈴木先生幾個月前才剛調過來，我認為不太可能做好負責人一職。我還經常聽到他之前隸屬的部門成員抱怨，他只會對上頭逢迎拍馬，沒什麼領導駕馭風範可言。

　部門成員該放在什麼位置做什麼事，我認為目的都是能讓部長好做事為主。我不認為就因為業績數字漂亮，就能擔任這次專案計畫的負責人。這樣的人事異動是不對的，這麼不透明的異動必須停止。

　如果您不再考慮一下，我想跟常務董事直接討論這件事。

早田

After 不在乎個人的錯，而是聚焦於如何成功

主旨：關於負責人的選定

山田部長

　在您百忙之中來信，甚感抱歉。關於下週發佈的人事命令，剛剛收到您的通知，而希望您也能聽聽看我對於負責人選定的想法，所以寄出了這封信。

　關於新興服務推展計畫負責人應該具備的條件，我認為必須吻合我們部門一向重視的高度專業性。在檢討各種問題為什麼會發生時，其中不少都起因於知識的不足，而要彌補這方面的缺失，就需要高度的專業性。

　聽聞這次將拔擢鈴木先生成為負責人，我想可能是他在前部門亮麗的業績表現，實力因此被認可而獲得拔擢。在我看來，我們公司的方向也比過去更要求短期利潤的產出。然而，新興服務的推展想必伴隨而來許多問題，而問題對應的好壞，也會直接影響公司的利益。

　依我個人的淺見，如果讓知識、經驗皆豐富的杉村先生擔任負責人或顧問的角色，將能讓這個計畫往成功之路推進。參與過許多計畫的中堅員工，也對這樣的人事異動感到不安，所以如果能讓杉村先生擔此重責，我相信大家會團結一致向目標邁進，這樣也才能不違大家對新興服務推展計畫的期待。

　很抱歉百忙中叨擾您，希望有機會能聽聽部長對這件事的看法。

早田

外商必修圖表力：
150 張圖例即學即用，新手也能提出顧問級簡報
原著名＊外資系コンサルが入社 1 年目に学ぶ資料作成の教科書

作　　者＊清水久三子
譯　　者＊吳乃慧

2016 年 6 月 1 日　初版第 1 刷發行

發 行 人＊成田聖
總 編 輯＊呂慧君
主　　編＊李維莉
文字編輯＊林毓珊
資深設計指導＊黃珮君
美術設計＊陳晞叡
封面設計＊萬勝安
印　　務＊李明修（主任）、張加恩、黎宇凡、潘尚琪

發 行 所＊台灣角川股份有限公司
地　　址＊105 台北市光復北路 11 巷 44 號 5 樓
電　　話＊（02）2747-2433
傳　　真＊（02）2747-2558
網　　址＊http://www.kadokawa.com.tw
劃撥帳戶＊台灣角川股份有限公司
劃撥帳號＊19487412
製　　版＊尚騰印刷事業有限公司
Ｉ Ｓ Ｂ Ｎ＊978-986-473-126-8

香港代理
香港角川有限公司
地　　址＊香港新界葵涌興芳路 223 號新都會廣場第 2 座 17 樓 1701-02A 室
電　　話＊（852）3653-2888

法律顧問＊寰瀛法律事務所
※ 版權所有，未經許可，不許轉載
※ 本書如有破損、裝訂錯誤，請寄回當地出版社或代理商更換

國家圖書館出版品預行編目資料

外商必修圖表力：150 張圖例即學即用，
新手也能提出顧問級簡報 / 清水久三子作
; 吳乃慧譯. -- 一版. -- 臺北市 : 臺灣角川,
2016.05
　　面；　公分. -- (職場 . 學 ; 2)
譯自 : 外資系コンサルが入社 1 年目に学
ぶ資料作成の教科書
ISBN 978-986-473-126-8(平裝)

1. 簡報

494.6　　　　　　　　　　　　105006327

GAISHIKEI CONSULTANTS GA NYUSHA1NENME NI MANABU SHIRYO SAKUSEI NO KYOKASHO
Copyright © 2015 KUMIKO SHIMIZU
All rights reserved.
Originally published in Japan by KADOKAWA CORPORATION, Tokyo.
Chinese (in complex character only) translation rights arranged with KADOKAWA CORPORATION, Tokyo.